王溢然　编著

物理传奇

THE LEGEND OF PHYSICS

山西出版传媒集团　山西教育出版社

图书在版编目（CIP）数据

物理传奇 / 王溢然编著. —太原：山西教育出版社，2020.1
ISBN 978-7-5703-0571-1

Ⅰ. ①物… Ⅱ. ①王… Ⅲ. ①物理学史—世界—青少年读物 Ⅳ. ①04-091

中国版本图书馆 CIP 数据核字（2019）第 186139 号

物理传奇
WULI CHUANQI

责任编辑 张 燕
复 审 裴 斐
终 审 彭琼梅
装帧设计 薛 菲
印装监制 蔡 洁

出版发行 山西出版传媒集团·山西教育出版社
（太原市水西门街馒头巷 7 号 电话：0351-4035711 邮编：030002）
印 装 山西新华印业有限公司
开 本 890 mm×1240 mm 1/32
印 张 7
字 数 202 千字
版 次 2020 年 1 月第 2 版 2020 年 1 月山西第 1 次印刷
印 数 11 606—16 605 册
书 号 ISBN 978-7-5703-0571-1
定 价 22.00 元

如发现印装质量问题，影响阅读，请与印刷厂联系调换。电话：0351-4120948

目录

01 千古流芳的三句名言 / 1
02 他把地球逐出了宇宙中心 / 6
03 烈火中永生 / 12
04 地球仍在转动 / 17
05 给天体的运动立法 / 21
06 物理学的第一次大综合 / 26
07 第一颗周期性彗星 / 31
08 笔尖下发现的行星 / 36
09 绚丽的太阳光 / 42
10 对太阳光的新发现 / 46
11 认识空气的力量 / 50
12 他用一杯水撑破水桶 / 54
13 轰动马德堡的大气压实验 / 58
14 第一个真正国际性的发明 / 61
15 大无畏的风筝实验 / 66

16 折服了拿破仑的人 / 71
17 把电和磁联系起来 / 76
18 统帅了电压、电流、电阻 / 81
19 对称性思考的胜利典范 / 85
20 画家的科学发明 / 91
21 用电流传播声音 / 95
22 把声音记录下来 / 100
23 实现了利用电流照明的理想 / 104
24 他把世界带进了交流电的时代 / 108
25 让电磁波飞越大西洋 / 113
26 “空中帝国王冠”的发明 / 119
27 从研究“死光”到发明雷达 / 124
28 第一位诺贝尔奖得主 / 128

29 撞上坏天气的发现 / 133

30 给原子切了第一刀 / 136

31 从几吨到 0. 12 克 / 139

32 化解了物理学上空的一朵乌云 / 143

33 涅槃凤凰再飞翔 / 147

34 颠覆了千万年来的观念 / 152

35 他能看到微观粒子的行踪 / 157

36 原子中的小太阳系 / 161

37 氢光谱之谜 / 165

38 一首没有科学特征的狂想曲 / 170

39 一颗理想的“炮弹” / 175

40 三次走到诺贝尔奖大门口 / 179

41 等待了 43 年的激光 / 183

42 摄影技术的新突破 / 187

43　从光学显微镜到电子显微镜 / 191
44　原子弹之父的功过 / 196
45　两次获得诺贝尔物理学奖 / 201
46　他证实了宇宙还在膨胀 / 206
47　捕捉到了创世时的信息 / 211
后　　记 / 216
主要参考文献/ 217

01 千古流芳的三句名言

◇ ……………………

阿基米德
Archimedes
（约前287—前212）

阿基米德是人类文明史上一颗璀璨的明珠。他被物理学家称为静力学之父，被数学界公认为古往今来世界上最伟大的五位数学家之一①。

阿基米德出生在意大利西西里岛叙拉古的一个贵族之家，跟叙拉古的国王希罗有着亲戚关系。他的父亲费迪亚斯是天文学家兼数学家，因此，阿基米德从小就受到良好的科学熏陶。11岁时，他被父亲送到当时被誉为古希腊"智慧之都"的亚历山大里亚去求学。从少年时代起，他就对数学、力学和天文学表现出浓厚的兴趣。他的一生不仅为后人留下了许多宝贵的科学遗产，还留下许多为人们津津乐道的故事。

---

① 其他四位数学家是几何学创始人欧几里得、微积分创始人牛顿和莱布尼兹、近代的数学巨匠高斯。

阿基米德有三句名言，也是他传奇经历的反映。据说，我国著名数学家华罗庚先生曾经告诫他的学生，要牢记阿基米德的这三句名言。

那么，这三句名言是什么？它的背后蕴含着怎样动人的故事呢？

第一句名言：“尤里卡！”

——科学探索精神的象征

公元前240年，阿基米德从亚历山大里亚回到叙拉古，当了希罗王的科学顾问。当时，叙拉古正面临一个盛大的祭神节日，希罗王交给工匠一些金块，命令工匠替他做一顶纯金的王冠。不多久，工匠将一顶美轮美奂的王冠做好了，它的重量跟当初国王交给工匠的纯金块一模一样。不过，国王总怀疑工匠贪污了黄金，把等量的银子掺在了王冠中。

那么，怎样能够既不损坏王冠，又能判断出工匠到底是否在王冠中掺银呢？这个问题不仅难倒了国王，也使大臣们面面相觑，无所适从。于是，国王把这个难题交给了阿基米德。

阿基米德冥思苦想了好多天，始终毫无头绪。有一天，他去澡堂洗澡，当他坐进盛满水的澡盆时，盆里的水就往外溢，站立起来后，盆里的水就低下去了。

阿基米德若有所悟地在澡盆里重复了几个起落，突然获得了灵感。于是，他立即兴奋地跳出澡盆，连衣服都顾不得穿就跑到大街上去了，嘴里大声喊着：“尤里卡！尤里卡！”（Eureka，希腊语，意思是“我找到了”。）

那么，阿基米德究竟“找到”了什么呢？原来，他从身体浸在水里时水面的起落联想到：如果把纯金的王冠浸在盛满水的盆里，被它所溢出的水应该跟同样重量的纯金块浸在水里所溢出的水相同；而银的密度比金小，同样重量的银块和金块，银块的体积比金块大，浸在水里被银块所溢出的水的体积比金块多。这样，就可以确定王冠是否是用纯金制成的了。

后来，阿基米德在王宫里当众进行了表演：他让国王再给他跟王冠同样重量的金块，当他把纯金块和王冠依次浸入盛满水的盆里时，可以看到被王冠所溢出的水比被纯金块所溢出的水多，可见王冠不是纯金做的。这时，工匠也不得不服地认罪，坦白了在王冠中掺银造假的事实。

从物理学的观点来说，实际上阿基米德从澡盆里悟出的是测量不规则形状物体体积的一个方法。知道了这个方法后，被各种不同物体排开的液体的重力也就可以轻而易举地测量出来了。接着，阿基米德又经过严密的逻辑推理，在《论浮体》一书中，发表了如今以他的名字命名的浮力定律。

第二句名言："给我一个支点，我就能把地球撬动。"

——科学能创造奇迹的豪情

远在阿基米德之前许多年，古埃及人在修建著名的金字塔的时候，据说就已经应用了杠杆。但是，直到阿基米德时代，从来没有人能够解释清楚其中的道理，当时古希腊有的哲学家一口咬定这是"魔性"。

不过，阿基米德却不认为这是什么"魔性"，他决心探究出使用杠杆能省力的奥秘。

据德国著名的数学家、物理学家外尔的推断，阿基米德先根据在生产实践中使用杠杆所积累的一些经验知识，提出一条"公理"——在无重量的杆的两端离支点相等距离处挂上相等的重量，杠杆将保持平衡。然后，他依据对称性思考，通过逻辑推理，最终得出了杠杆平衡原理，用现在熟知的形式表示为：

$$动力 \times 动力臂 = 阻力 \times 阻力臂$$

阿基米德从杠杆平衡原理中看到，只要能够有合适长度的杠杆，用很小的力量就可以把任何重量的物体举起来。不过，当时包括希罗王在内的许多人并不相信杠杆的神威，纷纷要求阿基米德搬动一件重的物体让他们亲眼看看。说来也真凑巧，叙拉古刚好有一条为埃及制造的大船，由于体积庞大、沉重，难以拖动下水，一直搁浅在海岸边。于是，阿基米德就精心制造了一套巧妙的杠杆、滑轮机械。他用一根粗绳穿过这套机械，绳的一端系在大船上，另一端交给希罗王。只见希罗王轻轻拉动绳子，这条大船便很听话地滑入水中。希罗王惊奇不已，深信了杠杆的神力，还向全国发出公

告："从此以后，无论阿基米德讲什么，都要相信他……"

据说，在希罗王钦佩之余，阿基米德曾笑着对他夸口说："给我一个支点，我就能把地球撬动。"当然，这仅是阿基米德的一种豪情而已。

阿基米德撬动地球的想象图

第三句名言："不要动我的圆！"

——科学高于生命的崇高境界

阿基米德晚年时，罗马军队入侵叙拉古。他竭尽全力辅助国王，指导人们制造了很多攻击和防御的武器，顽强抵抗敌人，留下了许多动人的故事。例如，他曾指挥叙拉古人民拿出家里的各种"镜子"，借助海岸沿弧形排列起来，仿佛形成一个巨大的凹面镜，将阳光聚焦到侵犯叙拉古的那条指挥舰的帆面上，使涂过油脂的船帆燃起了熊熊大火，迫使敌人狼狈逃窜。

阿基米德火烧敌舰

阿基米德用他的睿智和叙拉古人民一起，顽强抗击来犯的罗马军队，使罗马军队被阻在城外达三年之久。不过，由于叙拉古毕竟只是一个城堡小国，势单力薄，后来在一个叛徒的出卖下，公元前212年，罗马军队终于攻陷叙拉古。据说，当时的统帅马塞勒斯将军曾下令不准杀死阿基米德。可惜，他的命令还来不及下达，一个残暴的罗马士兵已经闯进了阿基米德的家中。当时，75 岁的阿基米德正在聚精会神地研究一个数学问题，看到士兵践踏了他画的圆形，极其悲愤地大喊："不要动我的圆！"可是，这个蛮横无知的士兵举起了罪恶的砍刀，一位璀璨的科学巨星就此不幸陨落了。事后，罗马军队的统帅马塞勒斯将军也甚为悲痛，严肃处理了这个士兵，还给阿基米德修建了坟墓，表示景仰之意。

阿基米德虽然是一位 2000 多年前的古人，不过，他的这三句名言所折射的光辉，一直流芳千古，永远激励着后人。

02 他把地球逐出了宇宙中心

◇ ……………………

阿基米德不仅是一位数学家、力学家，还是一位天文学家。他曾发明用水力推动的星球仪，用以模拟太阳、月亮的运动，表演日食和月食现象；他还提出了地球绕着太阳旋转的可贵观点。不过，他仅仅是提出观点，并没有充分的观测数据的支持，因此阿基米德在天文学上对后世的影响，远逊于他的晚辈、生于公元初的古希腊天文学家托勒密。

托勒密
Claudius Ptolemy
(90—168)

托勒密是古希腊的天文学家。他通过对当时已知的五颗行星长期系统的天文观测，根据古希腊著名哲学家柏拉图提出的“天上的星星做匀速圆周运动”的思想，在公元150年（相当于我国从战国到东汉的时代），在他的巨著《天文学大成》中，描绘了一幅壮丽的宇宙图景。

托勒密认为，宇宙的中心是地球，太阳、月亮和其他天体都绕着地球在不同的天球上运动。他把每一天球称为一重天，最低的一重天是月亮天，其次是水星天、金星天，太阳居于第四重天上，从第五重天到第七重天依次是火星天、木星天和土星天，第八重天是恒星天，全部恒星像宝石一样镶嵌在这重天上。在恒星天上，还有一重最高天，称为“原动天”，这是神灵居住的天堂。各个天球都绕着地球转动，地球坐落在宇宙中心，岿然不动。这就是托勒密著名的“地球中心说”（简称“地心说”），又称为“九重天模型”。为了解释某些天文现象，托勒密又设想行星在天球上运动时，是在一个较小的圆周上做匀速圆周运动，其圆心在以地球为中心的一个大圆上做匀速圆周运动。各个圆周重重叠叠，十分复杂。

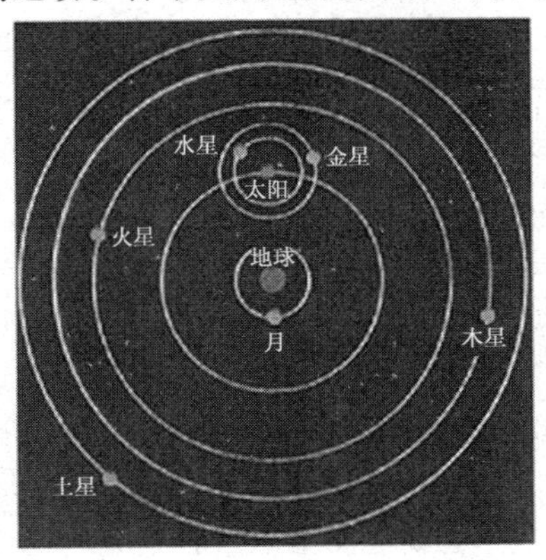

托勒密“地球中心说”示意图

可贵的是，托勒密用他的“地球中心说”巧妙地选择圆的大小、相互间的夹角和运动速度，能较好地解释日食、月食等天文现象。由于“地球中心说”迎合了人们作为宇宙之主位居中央，住在一个稳固的星球上的愿望，因此很容易被人们接受。后来，他的学说就被宗教所利用，延续了长达 1300 多年，直到 16 世纪才受到哥白尼严峻的挑战！

哥白尼
N. Copernicus
(1473—1543)

哥白尼是波兰天文学家，1473 年 2 月 19 日生于波兰维斯拉杜河畔托伦城的一个商人家庭。读中学时，他就表现出对天文学的爱好。1491 年，哥白尼进入克拉科夫大学后，跟随当时著名的天文学家沃伊切赫教授，学习天文学的理论和使用天文学仪器进行观测的方法。毕业后，他又到意大利去留学，继续学习天文学。

1503 年，他从意大利留学回到波兰后，在山区的一个教堂里担任牧师，兼做医生。哥白尼在处理宗教事务和行医之余，倾心于对天文现象的观察与研究。他利用任职牧师的有利条件，把教堂的塔楼改建成一个简易的天文台，还自制了一些观测仪器。

对天体的观察是非常辛苦的。在哥白尼居住的地方，只有在深秋和严冬，天气晴朗，无雨少云，才是天文观测的大好时节。每年的这个时候，他总是不畏严寒，在他那个没有屋顶的塔楼里，通宵达旦地观测。他除了需要克服观测条件上的种种困难外，还要顶住当时人们的偏见和冷嘲热讽。有些居心叵测的人，得知哥白尼想通过观测检验“地心说”的真伪，就当众挖苦他：“大家来看哪！连傻子也看得出太阳在动，地球不动，哥白尼竟岂有此理，硬说太阳不动，地球在动。”哥白尼非常坦然，他说：“天体的运动丝毫也不会为这些笨蛋的嘲弄或尊敬而受到影响。”哥白尼有一句名言：“现象引导天文学家。”他要通过观测到的宇宙现象来解答他所提出的问题，从而创立一个新的学说。庆幸的是，哥白尼的想法也得到许多朋友的支持，包括当初是弗洛恩堡教堂修士的铁德曼等，这些朋友都非常了解哥白尼并一直支持他的科学研究工作。

为了对观察数据进行分析、研究，必须精通数学，当时的天文学家几乎都是数学家。哥白尼在长期的、反复的观测基础上，进行了艰苦卓绝的计算，终于找出了托勒密“地心说”矛盾百出的根本原因——把地球自身固有的运动强加到行星上去了。因此，托勒密体系需要用上 80 多个小圆、大圆才能说明行星的运动，把宇宙体系人为地弄得过于复杂化了，使人头晕目眩。据说，后来有一个国王（阿尔劳斯十世）针对托勒密的“地心说”曾发过一个幽默的牢骚：“假如上帝当初创世时向我请教的话，系统就不会那么复杂了。”

哥白尼通过观察后发现，如果把太阳作为宇宙的中心，从地球绕太阳运动的观点出发，把其他行星的运动跟地球运动联系起来考虑，就可以既方便、又更合理地解释观测到的各种天文现象。于是，哥白尼就提出了新的“日心说”体系，即太阳系模型。

在哥白尼的太阳系模型中，太阳是宇宙的中心，所有天体（包括地球和当时已知的五颗行星）都绕太阳运转。它们在宇宙中的位置按照离开太阳的距离从近到远的排列依次是水星、金星、地球、火星、木星、土星，在土星外遥远的天球上是恒星。在他的划时代巨著《天体运行论》中，他用了一段非常美妙的、像一首散文诗一样的文字，描写着以太阳为中心的宇宙结构模型：

“中央就是太阳……太阳堪称为宇宙之灯，宇宙之头脑，宇宙之主宰”，“太阳坐在王位上统率着围绕它旋转的行星家族。地球有一个侍从——月亮……月亮是地球最亲的亲人”。

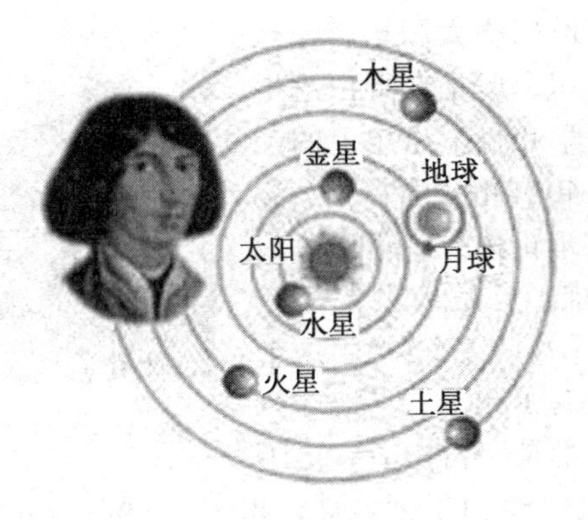

哥白尼的太阳中心说

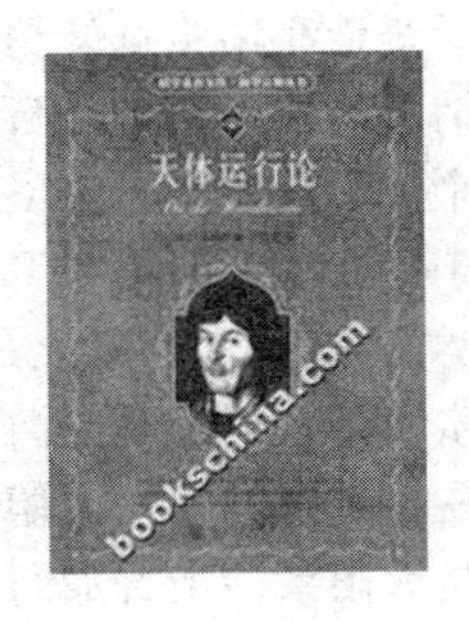

哥白尼的《天体运行论》

哥白尼还根据观测资料，第一次算出了各个行星到太阳的距离，也是第一次给出了宇宙的大小尺度。尤其令人钦佩的是，在几百年前，哥白尼仅凭极其简单的仪器，通过肉眼观察和计算，得到的数值跟现代的观测值非常接近。例如，他得到的恒星年的时间为365 天 6 小时 9 分 40 秒，仅比现代的精确值约多 30 秒；他得到的月球离地球的平均距离是地球半径的 60.30 倍，跟现代值相比的误差只有 0.05%。在望远镜发明以前，能达到这样的精确程度，真是十分的了不起。后辈许多杰出的天文学家，参观了哥白尼的观察现场后都非常钦佩!

哥白尼的“日心说”体系虽然在1510年左右已初步形成了，并已完成了一篇重要的论文，但他作为一个神职人员，深知自己的理论将触犯教义，并且非常清楚当时欧洲的教会势力非常强大，因此他并没有及时出版。

此后，他一直不断地进行观测和分析，并从1515年起在原论文的基础上开始撰写巨著《天体运行论》，孜孜不倦地历时28年，不断仔细地、谨慎地修改他的书稿。后来，在他的一位年轻学生的努力下，这部巨著终于在1543年5月出版了。可惜，当这部巨著送到弗洛恩堡时，哥白尼已处于生命的弥留之际。他用无力的手抓住书本，欣慰地说：“我总算在临终前推动了地球。”一个小时后，哥白尼就与世长辞了。

纪念哥白尼的塑像

在科学发达的今天，地球绕太阳运转，已经是连小学生都知道的常识，但是在哥白尼生活的时代，它却是自然科学和哲学思想上的一个尖端课题。哥白尼经过40年的艰苦探索，终于创立了“日心说”宇宙理论体系，迈出了人类认识宇宙历程上最困难、也是最重要的一步。哥白尼的学说向自然科学与宗教神学这个最为敏感的问题大胆地发起了挑战：“地球只是太阳系一个普通行星，不是宇宙中心，更不处于上帝赐予的特殊宝座。”哥白尼把地球逐出宇宙中心，相当于摆脱了千余年来教义的禁锢，极大地推动了欧洲文艺复兴时期思想解放的浪潮，并波及自然科学的其他领域，自然科学从此开始大踏步地前进。因此，哥白尼的学说具有划时代的深远意义，人们对它作出了极高的评价。

恩格斯把《天体运行论》一书称为“自然科学的独立宣言”，“给神学下了挑战书”，称颂哥白尼：“以他的理论来向自然事物方面的教会权威挑战，从此自然科学便开始从神学中解放出来。”

德国著名的诗人歌德说：“哥白尼地动说撼动人类意识之深，自古无一种创见，无一种发明，可与之相比——自古以来没有这样翻天覆地的把人类的意识颠倒过来。”

从科学意义上说，哥白尼的学说为研究行星运动开辟了一条新的途径，直接启发了开普勒发现行星运动的规律，进而也为牛顿引力理论奠定了基础。

1830 年，在华沙斯塔锡茨广场前竖立起哥白尼的纪念像。这尊塑像在第二次世界大战中曾被入侵的德国法西斯捣毁，战后又重新建起来。

匈牙利发行的纪念哥白尼的邮票

1953 年 2 月 19 日，在哥白尼诞生 480 周年的时候，人们广泛而隆重地展开各种纪念活动。哥白尼的不朽之作《天体运行论》的手稿，在他的母校克拉科夫大学展出。内容完整的《天体运行论》第一卷，也在这时候出版了。

2005 年，人们在哥白尼工作的教堂内寻获到一名约 70 岁的男子遗骸。研究人员通过对面部的复原，发现跟哥白尼画像很相似。随后，又通过对牙齿等部位进行 DNA 检测，经与哥白尼藏书里所夹头发加以比对，最终认定这具遗骸的真实身份。于是，2010 年 5 月 22 日在波兰弗洛恩堡大教堂举行隆重的重新下葬仪式。黑色花岗岩墓碑上装饰着以太阳为中心的天体运行图，标志着哥白尼的“日心说”模型。

哥白尼受到全人类进步人士的爱戴和敬仰。

03 烈火中永生

◇ ……………………

哥白尼的“日心说”不仅推翻了流行1300多年的托勒密的“地心说”，也从根本上动摇了宗教的精神支柱。德国著名诗人歌德说：“如果地球不是宇宙中心，无数古人相信的事物将成为一纸空言。谁还相信伊甸的乐园、赞美诗的颂歌、宗教的故事呢！”因此，当时凡宣传哥白尼学说的人都被认为是异教徒，都要受到教廷的残酷迫害。

布鲁诺
Giordano Bruno
(1548—1600)

第一个奋起捍卫和发展哥白尼学说的意大利学者布鲁诺，于1600年2月17日惨死在罗马的鲜花广场。这一天，称得上是世界科学史上一个无比黑暗的日子。

布鲁诺是意大利著名的天文学家、哲学家。1548年初生于意大利那不勒斯附近一个古老的小镇，当时家境相当贫困。11岁左右时，布鲁诺从家乡小镇来到热闹繁华的那不勒斯，在一家私立学校里度过6年时间，学习了人文主义课程、逻辑、辩论术等，也听了僧侣学者的课。同时，他还参加过各种社会活动。

由于布鲁诺家境贫寒，要想继续读书，唯一的选择就是进修道院。因此，在1565年6月15日，17岁的布鲁诺进入圣多米尼克修道院当了见习修道士，并取名乔尔丹诺。一年后经院部批准，正式被授予修道士教职。

布鲁诺进修道院时，起初认为当僧侣和追求知识是可以并行不悖的，以为圣多米尼克修道院里有着科学之光。他勤奋好学，在修道院的10年时间里阅读了古今哲学家、科学家、戏剧家和诗人的大量著作，可谓博览群书。他通晓天文、地理，博古通今。他有着惊人的记忆力，能背诵上千首诗。听了演讲者的演讲或诗人的朗诵，他能很容易复述出来，仿佛是自己写的一样。

圣多米尼克修道院的当局很重视为天主教会培养有素养的修道士。因此，布鲁诺的勤奋好学和超群的才干，曾经深得修道院僧侣团的赏识。为了炫示他们眼中的这颗明珠，还一度把布鲁诺引见给教皇。如果布鲁诺沿着修道院为他设计的道路走下去，他完全可以在宗教界平步青云。但这些年修道院里的生活已引起他对神学空谈的乏味，周围道兄师弟斗殴、酗酒及其他的一些放荡行为使他感到十分憎恶，促使他用批判的眼光重新审视各种传统观念。

布鲁诺在修道院里读了哥白尼的《天体运行论》后，深深为其“日心说”的理论所折服。于是他坚定地拥护“日心说”，也彻底改变了原来对宇宙的看法，并开始对宗教神学产生了怀疑。

后来，在修道院组织的一次辩论会上，布鲁诺发表了跟当时很有权威的神学家不同的观点，受到僧侣们疯狂的围攻。孤立无助的布鲁诺接受一位朋友的好心劝告后，连夜从修道院出走，并逃出罗马。修道院的僧侣们发现布鲁诺逃离后，随即查抄了他的房间。当僧侣们看见布鲁诺的房间里藏有禁书后，仿佛找出了他犯有弥天大罪的证据。于是，宗教裁判所立即革除布鲁诺的教籍，把布鲁诺定为异端分子，一下子罗列了几十条罪状，对他进行控诉。

因此，布鲁诺从28岁（1576年）起，就果断地扔下僧袍，彻底与修道院决裂。他无亲无眷，孑然一身，为躲避追杀开始了逃亡，沿着意大利——瑞士——法国——英国——法国——德国——

瑞士这条路径，到过欧洲十几座著名的城市，度过了漫长的15年颠沛流离的生活。

布鲁诺在流亡途中，虽然时刻警惕着教廷势力的迫害，但是他始终无畏无惧。每到一个地方，都不断地写文章，做报告，参加“辩论会”。他学识渊博，文笔优美而犀利，演讲时条理清晰，语言晓畅，因此深受人们的喜爱。布鲁诺用他的笔和舌积极宣传科学真理，热情讴歌、赞美哥白尼和“日心说”，猛烈抨击着腐朽反动的经院哲学。例如，他在《哥白尼的光辉》一首诗中写道：

你的思想没有被黑暗世纪的卑怯所沾染，
你的呼声没有被愚妄之徒的叫嚣所淹没，
伟大的哥白尼啊，
你的丰碑似的著作在青春初显的年代震撼了我的生活。

他在一篇文章中写道：“我们对哥白尼感激不尽，因为他把我们从居于统治地位的庸俗哲学中解放出来……只有那种坚定不移地站在反宗教的潮流中的人，才能充分评价并颂扬他的精神……”

尤其难能可贵的是，他不仅吸收了哥白尼的观点，还把它发展为无限宇宙、没有中心的思想。

布鲁诺认为，整个宇宙既是统一的，又是物质的，是无限和永恒的。太阳只不过是一个天体系统的中心，并不是整个宇宙的中心。太阳系外还有无数天体。我们看到的世界，只是无限宇宙中的一粒尘埃。他还认为，太阳并不是不动的，它对于其他恒星的位置也是变动的。无数的恒星天体都像太阳一样，有许多行星绕其旋转，行星也有卫星环绕自己运动。

虽然布鲁诺不是一位天文学家，但他通过哲学思辨得出的宇宙无限性的观念，却非常了不起，在天文学发展史上具有重要的价值。他把人类对天体的认识提高到了一个新的高度。如果说，哥白尼把地球逐出宇宙中心，那么，布鲁诺又把太阳逐出宇宙中心，并从根本上取消了宇宙中心。太阳竟也渺小到有如沧海一粟，美丽的天空变成没有边际的深渊。他还大胆地预言：生命不只是在地球上存在，也可能存在于我们还看不到的遥远的行星上。

布鲁诺深邃的思想，先进的观点，伴随着他热情的宣传活动，使他的社会声望日渐提高，闻名于欧洲。

但是，随着布鲁诺威望的提高，教廷的恐慌和仇恨也与日俱增。因为布鲁诺的观点从根本上否定了创世的教义，这给了宗教界沉重的打击。昔日，笼罩在创世主光环下的宇宙中心（地球），竟然普通得跟其他许许多多天体一样。宇宙没有中心，宇宙没有边界，宇宙中也不可能存在创世主。因此，当时的罗马教廷认为他是极端有害的“异端”和最凶恶的敌人，把布鲁诺看成眼中钉，肉中刺，千方百计要除掉他。教廷在多次抓捕失败后，收买了布鲁诺的一个朋友，设计了一个诱骗计划。布鲁诺本身也因长期流亡在外，思乡心切，同时还很单纯、急切地想把自己的新思想和新学说带回来，献给自己的祖国。因此，在 1592 年初，布鲁诺不顾个人安危，回到威尼斯讲学，结果却落入了教廷的圈套，被逮捕入狱。

当时，布鲁诺已是闻名欧洲的著名学者，教廷企图迫使他公开悔改，以便摧毁这面旗帜，挽回因布鲁诺的宣传而失去的影响，重振昔日的声威。教廷指使一些神甫跟布鲁诺交谈，说依他的才智和学识，倘若重新回归宗教，肯定会受到罗马教廷的重用。布鲁诺坦然地说：“我的思想难以跟《圣经》调和。”教廷见利诱失败，就指使刽子手们在狱中严刑拷打，使出了种种酷刑。然而，让罗马教廷意想不到的是，布鲁诺在狱中经历了长达 8 年的非人折磨和凌辱，丝毫没有动摇自己的信念，始终坚贞不屈。

在受到重刑时他一直从容地回答：“我不应当也不愿意放弃自己的主张，没有什么可放弃的，没有根据要放弃什么，也不知道需要放弃什么。”

他曾这样说过：“一个人的事业使他自己变得伟大时，他就能临死不惧。”“为真理而斗争是人生最大的乐趣。”

最后，布鲁诺被教廷判以火刑。临刑前，罗马教廷还奢望布鲁诺屈服，对他说：“只要忏悔，就可以免刑。”布鲁诺断然拒绝，他毫无畏惧地说：“我愿做烈士而牺牲。”“火，不能征服我，未来的世界会了解我，会知道我的价值。”教廷宣判他的罪名是“异端分子”，而且是“异端分子的老师”。布鲁诺以轻蔑的态度听完宣判后，表现出了视死如归的大无畏精神。他正义凛然地说：“你们对我宣读判词，比我听到判词还要感到畏惧。”并庄严地宣布：“黑暗即将过去，黎明即将来临，真理终将战胜邪恶！”胆战心惊的刽子手害怕布鲁诺在刑场上再发表演说，极其残忍地割掉了他的舌头。

耸立在罗马的布鲁诺铜像

1600年2月17日，这位不屈不挠、一生追求真理的天文学革命斗士，用自己的生命捍卫和发展了哥白尼学说，在罗马鲜花广场被活活烧死，写下了近代天文学发展史上英勇悲壮的一幕。布鲁诺被烧死后，教廷甚至害怕人们抢走这位伟大思想家的骨灰来纪念他，匆匆忙忙把他的骨灰连同泥土一起抛撒在河里。

布鲁诺是为科学而死，为真理而死的，人们将永远缅怀他。1889年罗马宗教法庭亲自出面，为布鲁诺平反并恢复名誉。同年6月9日，意大利政府在布鲁诺殉难的鲜花广场上竖立了一尊他的铜像。

布鲁诺热爱科学，追求真理的精神，永远活在人们的心中！

04 地球仍在转动

◇ ……………………

罗马鲜花广场的烈火，虽然能够焚毁布鲁诺的身躯，却无法毁灭科学的真理，也阻挡不住科学前进的脚步。在布鲁诺的祖国，又一位科学巨匠——伽利略高举着哥白尼的旗帜站立起来。

伽利略
G. Galilei
（1564—1642）

伽利略是意大利著名的天文学家、哲学家、数学家、物理学家。1564 年 2 月 25 日出生于意大利比萨城的名门望族，从小就受到良好的教育和科学的熏陶。17 岁时，伽利略进入比萨大学学医，空余时间常独立自主地潜心研究数学，还利用自制仪器进行实验。18 岁那年，从教堂吊灯的摆动中受到启发，伽利略发现了摆的等时性。这是常被人们津津乐道的伽利略的第一项重要发现。大学毕业后，他先在比萨大学做了三年的数学教授，后来在威尼斯的帕多瓦大学做教授。

伽利略在威尼斯工作了 18 年，这段时间成了他攀登物理科学高峰的黄金时代，几乎完成了他一生中所有主要的科学发现。

伽利略是“日心说”的拥护者。他十分尊敬哥白尼，大声抨击黑暗势力。他曾说：“……我们的哥白尼老师所遭受的命运使人心寒，他在不多的人那里博得了不朽的荣誉，而受到无数的人……这都是些蠢人的讥笑和嘘声。”1604 年，他利用观测到的超新星的出现，作了三次天文普及演讲，宣传哥白尼学说。

1609 年 6 月的一天，有人告诉伽利略，荷兰米德尔堡有人用两个镜片可以观看远处的物体。伽利略十分感兴趣，凭借他的科学知识和实验才干，很快制成了历史上第一个望远镜。这一年的夏天，他不断对望远镜加以改进，使它的放大倍数从最初的 3 倍提高到 9 倍，最后达到 60 倍。他还首先把望远镜指向天空，获得了前所未有的许多新发现。

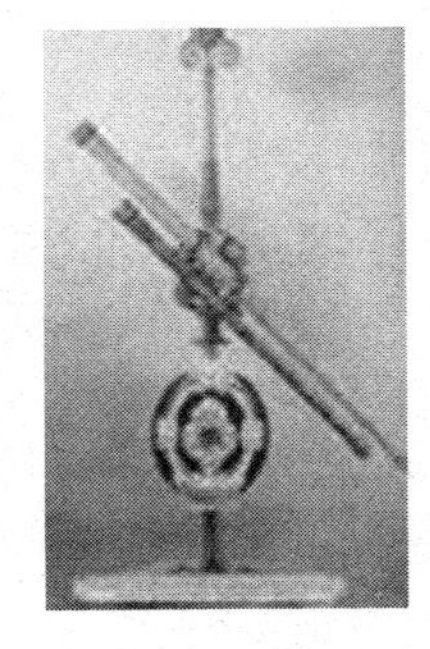

伽利略发明的望远镜

伽利略观察到月亮表面并不像人们过去想象的那样平滑，而是坑坑洼洼，凹凸不平，他用观察到的事实击破了从古希腊亚里士多德流传下来的关于“天体是完美无缺”的错误教条。

伽利略用望远镜观察到木星有四颗卫星绕着它旋转，表明不以地球为中心而转动的天体也是存在的，并从木星的卫星绕木星的运动解释了月亮的运动。他用望远镜连续三个月对金星进行观察，发现金星也会像月亮一样发生盈亏现象，由此推测金星是在太阳和地球之间的轨道上绕太阳运动的。他还用望远镜观察到太阳表面的黑子，观察到银河是由千千万万颗暗淡的星星组成的……

伽利略采用观察实验的方法，用众多的事实为宣传“日心说”提供了依据。他说：“我不是要人们一定信服我的话，不过求得各位详察我所做过的事。”他不仅用事实赢得人们对哥白尼学说的进一步理解，也促进了从哥白尼开始的天文学革命，因此他被后人称颂为“天上的哥伦布”。

伽利略向教会展示用望远镜观察天空的结果

伽利略在天文学上的重大发现，使他声名大振，1610 年还被聘为宫廷数学家和哲学家。不过，他的研究跟当时宗教对宇宙的主张不同，因此仍然免不了受到教廷势力的打击。1611 年到 1616 年期间，宗教裁判所多次向他发出警告并把他召去，向他宣布不准以任何方式讲授和辩解地球运动、太阳不动的观点。

伽利略在教廷淫威的重大打击下，不久便离开喧嚣的城市，隐居郊外。然而，他从未放弃自己的观点。为了维护哥白尼的学说，捍卫科学真理，他决心作进一步系统的理论的阐发。他从 1624 年起，花了 6 年时间，煞费苦心地完成了一本巨著《关于托勒密和哥白尼两大世界体系的对话》（简称《对话》）。在这本书中，伽利略以新颖奇特、耐人寻味的笔调，驳斥了当时流行于天文学和哲学中的一系列错误见解，相当系统地总结了他的许多发现，表明了他的观点。这本书被世人誉为近代天文学三大杰作之一。

由于这本书写得极为巧妙隐蔽，一时躲过了教廷的检查，于 1632 年 2 月问世后，很快在社会上产生了巨大的反响，伽利略取得了惊人的成功。

可是，这本书中隐藏的革命锋芒和深邃的科学内容，最终还是震撼了罗马教廷。恼羞成怒的教廷认为这本书比宗教叛逆者的文章更加“可怕和有害”。同年 8 月，《对话》被教廷禁止发行，并指控伽利略三大罪状。次年 2 月，教皇下令，要伽利略到罗马教廷受审。当年主持审讯布鲁诺的枢机主教贝拉明，这次又主持了对伽利略的审讯。此时伽利略已是年近七旬的老人，常年患病，身体十分虚弱。他的学生也通过各种渠道想拖延此行，医生给伽利略出具了不适合旅行的证明书，但教皇依然无动于衷。于是，伽利略不得不在朋友的搀扶下，历经千辛万苦，来到罗马。教廷为了摧垮伽利略的意志，迫使他放弃自己的学说，对他进行了长时间的折磨和审讯。

最后，伽利略被罗马教廷以宣传异端之罪，判处终身监禁，监外执行。受尽折磨的伽利略，在精神恍惚中被迫在别人写好的悔改书上签字。当他的朋友搀扶着筋疲力尽的伽利略离开教廷时，听见他叽叽咕咕地说："可是，地球还在转动着。"

伽利略在罗马教廷受审

真理的光辉是无法遮挡的，伽利略蒙冤300多年后终于迎来昭雪的曙光。1979年11月，在罗马成立了一个由不同宗教信仰的著名科学家组成的委员会，六名委员包括杨振宁、丁肇中在内，全部是诺贝尔奖的获得者。他们重新审理了这个冤案，为科学巨人伽利略彻底平反。

05　给天体的运动立法

◇ ……………

伽利略在天文学上的发现，捍卫和宣传了哥白尼的学说，但并没有超越哥白尼的思想揭示出行星运动的真相。当历史的脚步又向前跨越了半个多世纪，由于开普勒的大脑和第谷的眼睛相结合，才真正揭开了行星运动之谜。

第谷是丹麦天文学家。他从小就喜欢观察星辰，14 岁时，经历了对一次日偏食全过程的详细观察后，痴迷上了天文学。16 岁进入德国莱比锡大学后，通过孜孜不倦的观察和计算，他发现当时记载的行星运动的星表有着严重的错误，立志要通过观察，为航海制定出新的符合实际的星表。

第谷
Tycho Brahe
(1546—1601)

1572 年 11 月 11 日，26 岁的第谷发现在仙后座里出现了一颗新星（后来知道这是一颗老年恒星的爆发现象，即超新星爆发）。由于从古希腊亚里士多德以来，人们一直认为恒星是不变的，因此，这一颗新星的闪光，也使年轻的第谷成了天文学界的一颗明星。当时的丹麦国王腓特立二世，对天文有着浓厚的兴趣，专门拨款为第谷在哥本哈根附近的一个小岛上建造了一座规模宏大、堪称当时世界上设施最好的天文台。

第谷在这座天文台里待了二十多年。他不仅善于观测，同时也是一个卓越的天文仪器制造家。他曾制造过许多大型、精密的天文仪器，对天体位置的观测精确度远远超过托勒密和哥白尼。他在一生中测量了777颗恒星的位置，并且几乎对当时每项重要的天文观测数据都进行了较好的校正。在没有望远镜的时代，第谷对星辰位置观察的准确度能够达到2弧分，可以说是用肉眼观察在理论上所能达到的极限。因此，他被人们称为是最后一位和最伟大的一位用肉眼观测星辰的天文学家，有着“星学之王”的美称。

后来，他因得罪了腓特立二世的继承者，失宠后便离开丹麦，受奥地利国王鲁道夫二世的邀请到布拉格的天文台工作。

第谷善于用眼，却不善于用脑。他的思想比较因循守旧，并不接受哥白尼的理论，只是对哥白尼崇拜而已。他也不精通数学，无法使自己在长期艰苦观测中得来的素材上升到理性的高度，从中发现规律性的东西。开普勒曾惋惜地说：“他是个富翁，但是他不知道怎样正确地使用这些财富。”

开普勒
Johannes Kepler
(1571—1630)

第谷在晚年最伟大的发现，称得上对科学事业作出的最大的贡献，是发现和培养了开普勒。

开普勒是德国天文学家，1571年12月27日生于德国的威尔。他出生时家道已经衰落，全家人依靠经营一家小酒店生活。他从小体质很差，视力衰退，一只手半残。按常理，他是不适合研究天文的。可是，他有着非常聪明的大脑和坚强的意志。

1588年，他免费进入神学院——蒂宾根大学。在一位热心宣传哥白尼学说的天文学教授的影响下，成为一个哥白尼学说的拥护者。大学毕业后，他被一所新教神学院聘为数学和天文学教师。

开普勒在神学院任教期间，认真阅读了当时的许多天文学著作，不断充实自己的天文学知识。他结合自己的思考和计算，逐渐发现哥白尼把所有行星的运动看成以太阳为中心的匀速圆周运动跟实际的运动情况有不小的出入。于是，他就一直想对行星运动的奥秘进行新的探索。

1596年，开普勒凭借杰出的数学才干，出版了第一部著作《神秘的宇宙》。在这本书中，他提出一个用五个正多面体来分隔当时知道的六颗行星轨道的有趣的模型。不过，他很快发现这个模型完全是人为的，年轻的开普勒对宇宙结构的初次探索失败了。

1599年，第谷看到了这本书，虽然他并不认同开普勒的模型，但却十分欣赏这个年轻人的智慧和数学才能，于是立即写信给开普勒，热情邀请他做自己的助手，一起致力于天文学的研究，还给他寄去了路费。

1600年，30岁的开普勒和55岁的第谷在布拉格见面了。他们两人是极具戏剧性的一对组合：一个并不赞成哥白尼的学说，一个却衷心拥护哥白尼的学说；一个鼻子不行（第谷年轻时因决斗被削掉鼻子，后来装了假鼻子），一个视力低下；一个脾气暴躁，一个能言善辩；一个不通数学，一个精通数学；一个善于观测，是“看”的老师，一个富于思考，是“想”的学生。他们这一对师徒的组合，终于谱写出了天文学史上光辉的篇章。

第二年，第谷就去世了。临终前，他把毕生的观测记录和图表都留给了开普勒，非常感慨地呻吟道：“我一生之中，都是以观察星辰为工作，我要得到一份准确的星表……现在我希望你能继续我的工作，我把存稿都交给你，你把我观察的结果出版出来，取名为《鲁道夫天文表》……我多希望我这一生没有虚度啊！”后来，开普勒果然不负重托，于1627年想方设法出版了第谷嘱咐的《鲁道夫天文表》，并一直被航海家们使用了近百年，直到发明望远镜测得了更为精确的数据后，才被淘汰。更重要的是，开普勒还利用第谷的观察记录结出了天文学上划时代的硕果。

开普勒曾无限感激地说：“上天给我们一位像第谷这样精通的观测者，应该感谢上天的这个恩赐。”他根据第谷留下的资料，试图用哥白尼的模型，对照第谷记录的最详尽的火星轨道的细节时，发现理论跟观测之间还有着8弧分（0.133°）的微小误差无法消除。虽然这8弧分误差极为微小，仅相当于秒针在0.02秒内转过的角度，但开普勒坚信第谷亲自制作的仪器和观测误差绝对不会超过2弧分。他认为这8弧分之差意味着从托勒密到哥白尼的运动模型并不符合天体运动的实际情况。他坚定地说："单这8弧分就已经为改造全部天文学铺平了道路。"

开普勒经过仔细的思考，大胆地抛弃了从古希腊流传下来束缚人们头脑两千年之久的"天体做匀速圆周运动"的观念，决心根据第谷实际观测的资料，以火星为突破口，找出行星运动轨道的真实形状和大小。从此，他开始踏上了征服战神马尔斯（火星）的漫漫征途。

在开普勒的时代，还没有望远镜，数学也远没有今天这么发达，对天文的研究是非常艰难的。开普勒经过长达8年的艰苦努力，终于发现火星及其他的每个行星都沿着椭圆形的轨道绕太阳运动，太阳就在这些椭圆的一个焦点上。他高兴地说："如梦方醒一样，一盏新灯照亮了我的心头，如果把太阳放在卵形线的一个焦点上时，第谷的观察是那样地令人满意。"

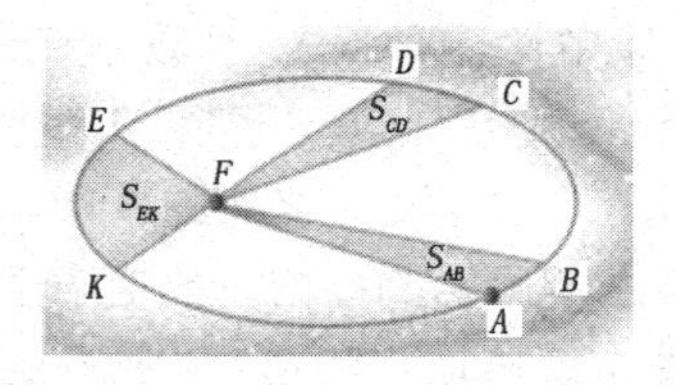

地球到太阳的连线在相等的时间内扫过的面积都相等

接着，开普勒根据地球的运动轨道和每天对太阳视位置的记录，确定了地球在轨道上的位置和运动速率。他又发现，地球和火星在离太阳近时（近日点处）运动得快；在离太阳远时（远日点处）运动得慢，并通过计算知道，地球到太阳的连线在相等的时间内扫过的面积（称为面积速度）都是相等的。至此，从古希腊流传下来的"天体做匀速圆周运动"的观念被彻底否定了。

1609年，开普勒在《新天文学》一书中发表了关于行星运动的两条定律，解决了行星运动的轨道和快慢问题。不过，开普勒并没有陶醉在已经取得的伟大成就中。他坚信各个行星的运动周期和轨道大小应该是"和谐"的，它们之间必然存在着某种确定的联系。于是，他怀着这种信念，忍受贫苦、疾病和其他不幸的折磨，又开始了长年累月的探索。

当时，开普勒并不知道行星和太阳之间的实际距离，他以日地平均距离作为距离的单位，以地球绕太阳的周期作为时间的单位，废寝忘食地一次次演算，但却一次次地失败。经过长达 9 年的努力，开普勒终于发现了各行星的运动周期与行星离太阳距离之间的关系。1619 年，开普勒发表了行星运动的周期定律，即开普勒第三定律：各个行星绕太阳运动的周期的平方与它们到太阳距离的立方成正比。他情不自禁的写道："……（这正是）我 16 年以前就强烈希望要探求的东西……现在我终于揭示了它的真相。认识到这一真理，这是超出我的最美好的期望。"

开普勒的研究在天文学上有着十分重大的意义。他不仅在科学思想上表现出无比勇敢的创造精神，真正把天文学家从"匀速运动"的桎梏下解放出来，而且全面解决了行星体系的运行问题。开普勒的行星运动三定律，也适用于卫星绕行星的运动（例如人造卫星绕地球的运动）。如今，人们利用开普勒三定律，很容易确定各个卫星或行星运动的许多参数。

人们赞颂开普勒为"天空的立法者"。开普勒也是用数学公式表达物理定律并且最早获得成功的人。从他的时代开始，数学方程就成为表达物理学定律的基本方式了。

可是，这位对科学发展作出巨大贡献者的一生，除了得到第谷的短期帮助外，几乎都生活在逆境之中。他不仅要克服生理上的巨大障碍，还因为宣传哥白尼学说而两次遭到政治迫害，不得不背井离乡，过着漂泊不定、贫病交加的生活，一度只能依靠编制占星历书而养家糊口。1630 年 11 月 15 日，他在索要薪金处处碰壁，毫无结果的归途中，悄然离开了人间，当时身边除一些书籍和手稿之外，仅剩下 7 分尼（1 马克等于 100 分尼）。有人这样评说：第谷的背后有国王，伽利略的背后有公爵，牛顿的背后有政府，而开普勒所有的只是疾病和贫困。然而，他从不退却。他用自己孱弱的身体、坚强的意志和满腔的热情，凭借着丰富的想象力和杰出的数学才能，矢志不移地探索着行星运动的奥秘，终于为人们留下了极为珍贵的财富，使人类科学向前跨进了一大步。

06 物理学的第一次大综合

◇

开普勒的行星运动三定律，解决了行星绕太阳怎样运动的问题，在物理学上属于“运动学”的范畴。但是，行星为什么会绕太阳做这样的运动呢？开普勒并没有回答。当时，他也曾经思考过支配行星运动的原因，并认为一定存在着某种随着离开太阳距离的增大而减弱的力。不过，开普勒最终并没有能够解决这个问题。

从 17 世纪中期起，欧洲的科学界普遍认为应该进一步从动力学角度解释天体的运动，找出使天体绕太阳运动的原因。当时，有许多优秀的科学家提出了多种不同的假设，做了许多努力，但是，他们都没有成功。最后，完美地解决引力问题的是英国科学家牛顿。

牛顿
Isaac Newton
(1642—1727)

牛顿于 1642 年 12 月 25 日生于英格兰林肯郡沃尔斯索普村的一个农民家里。他是个遗腹子，在出生前 2 个月父亲就去世了。牛顿在小学和中学读书时，成绩并不突出，不过他很喜欢制作一些小玩具和机械模型，并且充满理想。

1661 年，他考入剑桥大学三一学院。当时，被称为“欧洲最优秀学者”的数学教授巴罗，看出牛顿具有深邃的观察力、敏锐的理解力，对牛顿特别垂青，引导他读了许多前人的优秀著作。1664 年，牛顿经考试被选为巴罗的助手。1665 年大学毕业后，由巴罗教授推荐，从 1669 年起（当时牛顿仅 27 岁）就当了数学教授，一直持续了 26 年。

关于牛顿发现万有引力定律，历来充满着传奇色彩。有一个流传很广的故事：有一天，牛顿躺在苹果树下思索，忽然看到一个苹果落地，于是牛顿灵机一动，就悟出了万有引力定律。

在牛顿出生的屋子里，诗人亚历山大·柏蒲题写了一首小诗，也神化了牛顿：

自然和自然规律，
隐藏在黑暗中。
上帝说，让牛顿降生吧，
于是，一切都沐浴在光明之中。

牛顿家乡屋子前的塑像

那么，牛顿到底是怎样超越同时代的人，发现万有引力定律的呢？

这主要归功于牛顿卓越的数学才干、深邃的物理思想和长期持续的努力。引力问题的完美解决，也充分地展示了牛顿在科学研究上的创造性才能。

牛顿的数学才能是举世公认的。他的数学思维能力直到晚年依然非常敏锐，曾经流传着这样两段佳话：

一次是在 1696 年，著名的瑞士数学家伯努利提出了两个问题，向欧洲数学家挑战。牛顿知道后，当天晚上就解决了，第二天匿名寄去了答案。伯努利看出是牛顿的手笔，情不自禁地叫道："我一眼就认出了狮子的利爪。"

还有一次是1716年，牛顿已经75岁了，他的学术对手、德国著名数学家莱布尼兹出题想为难牛顿，却不料牛顿只用一个下午就把问题解决了。

牛顿利用他和莱布尼兹各自独立发明的微积分运算方法，顺利地突破了行星绕太阳做变速运动的困难，完善地作出了行星在太阳引力作用下必定沿椭圆轨道运动的证明。

牛顿的物理思想非常深刻。他创造性地提出了质点的概念，并通过微积分运算，证明了一个均匀分布的球体对球外物体的吸引力，就好像全部质量都集中于球心一样。这样，在引力问题的研究中，就可以把太阳、行星和卫星等都看成一个质点，从而极大地简化了对天体相互作用的研究。

牛顿十分重视研究方法，懂得抓主要矛盾。他把当时的科学家视之为畏途的各个天体相互干扰的"多体问题"，大胆地作了简化——暂时撇开其他天体的干扰，只考虑太阳和行星、行星和卫星之间的相互作用。后来的事实证明，牛顿的这种处理方法是非常英明和正确的，"多体问题"是一个需要运用现代的大型计算机才能近似解决的问题，在牛顿的时代是根本没有办法解决的。

一幅描写牛顿低下头进行计算的著名肖像画（威廉·布莱克画）

牛顿是一个非常刻苦的人，并且还有一种长期坚持不懈集中精力透彻解决某一问题的习惯。有人曾经问牛顿是如何发现万有引力定律的，牛顿回答说："靠持续地思考。"他的助手说："他很少在两三点前睡觉，有时一直工作到五六点。春天和秋天经常五六个星期住在实验室，直到完成实验。"

牛顿对于引力问题的研究本身就是一个长久的过程。从1665年秋到1667年春的这两年，称得上是他科学发现的"奇迹年"。当时，伦敦地区流行瘟疫，牛顿回到农村的家中。他大量阅读了哥白尼、第谷、开普勒、伽利略、笛卡儿、布里阿德等人的著作。在前人研究的基础上，牛顿通过深入地思考和研究，首先解决了行星沿圆轨道运动的引力问题。接着，他又利用了法国科学家对地球半径新的测量数据，以月球的运动为例进行了检验，并把研究月球运动得到的结果推广到行星的运动上去。最后，又进一步得出所有物体之间都有相互吸引力的结论。

牛顿终于遥遥领先于同时代的人，荣幸地摘取了解开引力问题的桂冠，发现了万有引力定律。

牛顿在思考引力问题的过程中，还描述过这样的一个理想实验：设想在高山顶上水平抛出一个铅球，由于地球的吸引，铅球沿着一条弯曲的轨道落向地面。抛出的速度越大，铅球落得越远。可以设想，当抛射速度足够大时，铅球将环绕地球运动而不再落回地球。这样一来，这个铅球就变成为一个人造的"小月亮"。牛顿认为，月球绕地球的运动也是同样的道理。

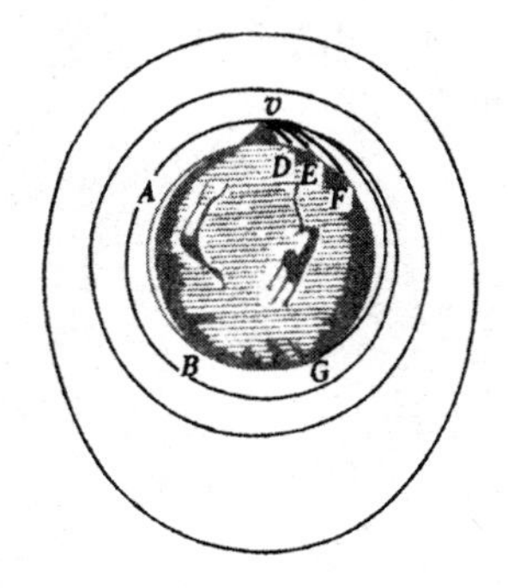

牛顿设计的理想实验示意图

1687年，牛顿在哈雷的敦促和帮助下，出版了划时代的伟大著作《自然哲学的数学原理》（简称《原理》）。在《原理》的第三卷中提出了著名的万有引力定律。这个定律告诉人们：所有的物体（质点）都相互吸引，吸引力的大小跟两物体（质点）质量的乘积成正比，跟它们之间距离的平方成反比。

根据牛顿的万有引力定律可以知道，通常物体之间的相互吸引力是很小的，我们无法觉察。但是，对于质量巨大的天体，它们之间的相互吸引力却大得惊人。例如，太阳对地球的吸引力大约等于 3.56×10^{22} 牛，这个力可以把直径 9000 千米的钢柱拉断！

牛顿的万有引力定律，不仅是他在自然科学中作出的最辉煌的成就，而且在物理学史上具有重大的意义。它把天体的运动跟地面物体的运动纳入到统一的力学理论之中，是物理学的第一次大综合，也是人类科学认识的一次重大综合和飞跃，为力学的发展奠定了坚实的基础。法国著名的启蒙思想家伏尔泰曾这样说过："在开普勒之前，所有的人都是瞎子。开普勒睁开了一只眼睛，牛顿睁开了两只眼睛。"意思是说开普勒只看到了宇宙的一半真理，牛顿则看到了全部真理。

由于牛顿取得的伟大成就，他受到了人们高度的敬仰。牛顿自己很谦虚，他曾经说过两句有名的话：

"如果我比别人看得远些，那是因为我站在巨人们的肩上。"

"我不知道世上的人对我怎样评价。我却这样认为，我好像是站在海边上玩耍的孩子，时而拾到几块莹洁的石子，时而拾到几片美丽的贝壳并为之欢欣，但那浩瀚的真理的海洋仍然在我的前面未被发现。"

07　第一颗周期性彗星

◇ ························

在牛顿发现万有引力定律和完成划时代巨著《原理》的背后，站着一位伟大的科学家。他高瞻远瞩地鼓励牛顿对引力问题的研究，殚精竭虑地为《原理》的出版奔波，甚至还义无反顾地承担印刷的费用。他就是以发现彗星闻名于世的英国物理学家哈雷。

哈雷于1656年11月8日出生于英国伦敦附近的一个富有家庭。他在童年时就表现出对星空和许多天文现象的兴趣。17岁时进入牛津大学，当他还是一个大学二年级的学生时就写信给世界闻名的格林尼治天文台的台长，指出这位台长绘制的木星图和土星图中的计算错误。20岁时，在东印度公司的资助下，哈雷前往南太平洋的圣赫勒纳岛考察，建立了南半球第一座天文台。他成功地测定了341颗南天恒星的位置，并编制了第一份精度很高的南天星表，因此有着“南天第谷”的美誉。

哈雷
E. Halley
（1656—1742）

对于彗星的观察和记载，世界上的文明古国都很早就有记载，我国从古代起就积累着极为珍贵的资料。20 世纪 50 年代，法国人巴耳代在研究 1428 颗彗星的《彗星轨道总集》之后，十分肯定地说："彗星记载最好的（除极少数例外），当推中国的记载。"

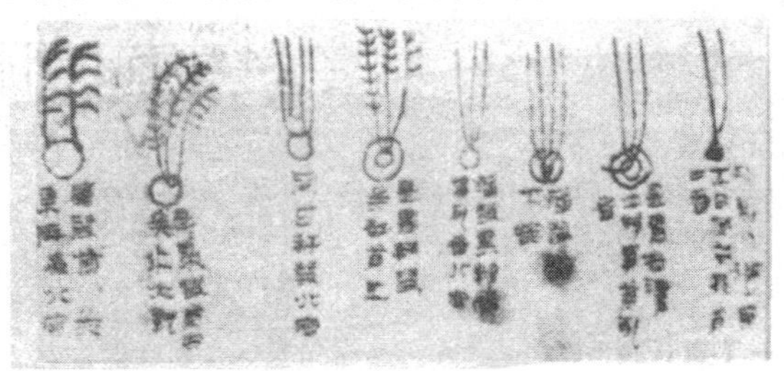

我国西汉古墓出土的帛书中的彗星图像

不过，在英国物理学家哈雷测定彗星的轨道之前，世界各国的人们对彗星普遍都缺乏认识，常常把彗星的出现当作地球上将有灾难的一种预兆。

中国民间把彗星称为"扫帚星"，认为出现彗星预示着有不吉利的事要发生。即使到了近代，当一颗大彗星出现时，人们也会恐慌。1811 年出现彗星时，巴黎许多人害怕彗星的尾巴会扫过地球，从而给地球带来灾难，因此引起社会的混乱。

其实，彗星是一种很普通的天体。它的结构可以分为彗头和彗尾两大部分。彗头中央明亮部分是彗核，周围蓬松状的包层是彗发。1949 年美国天文学家惠普尔提出了彗核的"脏雪球"模型，认为彗核主要由小而密度高的冰态粒子、碎石块、尘埃和有机的黏性物质组成，酷似一个巨大的"脏雪球"。彗核的化学成分主要有氢、碳、氧、硫、水、一氧化碳、二氧化碳等等。

彗星在接近太阳的过程中，由于受到强大的太阳光压的作用，彗尾背向太阳，并且它的长度也会发生变化。

彗星在太阳附近飞行

多数彗星处于太阳系的外层，我们无法看到。有的彗星有很长的环形轨道，当它们运行到离太阳较近的地方时，由于受到太阳光的作用，彗核物质“蒸发”并被抛出，形成彗发和彗尾，这样我们就能看见它们了。彗发和彗尾同样由气体和尘埃组成。彗星越接近太阳时，彗尾越长，有的彗尾可长达几千万千米至上亿千米。并且，在太阳光压的作用下，彗发和彗尾总是背向太阳的。彗星每绕太阳一周，都要损失一部分物质（大约损失千分之一），所以彗星也是有一定“寿命”的，最终将成为完全没有任何气体、只剩下一些碎片的围绕太阳运转的小天体。

哈雷对彗星的研究情有独钟。1682 年出现大彗星时，哈雷在观测时想起了开普勒定律：既然行星都是有规则地按照一定的轨道运行，那么这颗带尾巴的彗星的轨道又是什么样的呢？哈雷决心对它进行详细的研究。他仔细收集有关彗星的历史记载，编制了一张表，列出每颗彗星出现的时间、在天空中的位置以及它们的运行路线。他还根据牛顿的万有引力理论，对由于历史条件限制造成的很多不完整的资料，通过计算进行补充，然后加以比较和研究。

经过反复的计算与分析，哈雷发现这颗彗星与 1607 年、1531 年出现的大彗星的轨道基本重合，而且前后出现的时间间隔大约都是 76 年。至此，哈雷恍然大悟，原来彗星在太空中并非天马行空地自由飞行，也是有一定的轨道约束的。于是，哈雷大胆作出断言：原本以为它们是独立的这三颗大彗星，实际上是同一颗彗星。它在一条环绕太阳的长椭圆轨道上运动，大约每隔 76 年回归一次。并且预言，这颗大彗星将在 1758 年底或 1759 年初再次光临地球。

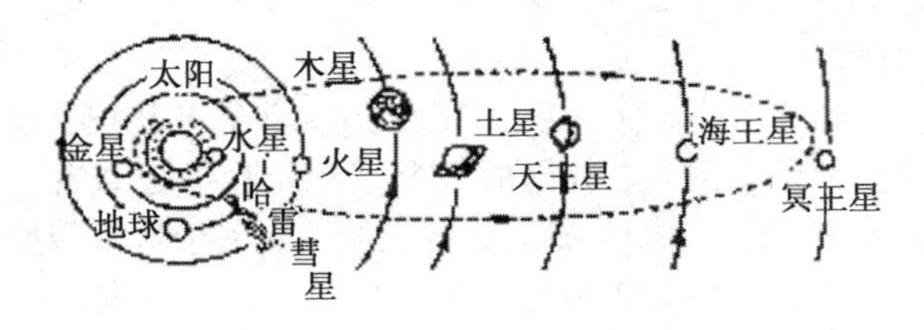

哈雷彗星的运动轨道

当时哈雷已年过五十，知道有生之年无缘再见到这颗大彗星了。于是他在书中写道：“如果彗星最终根据我的预言，大约在 1758 年再现的时候，公正的后代将不会忘记这首先是由一个英国人发现的……”

在哈雷逝世的第二年，法国数学家克雷洛运用万有引力定律，计算出木星和土星对这颗彗星的引力，预计回归时间应该是1759年4月中旬。

神出鬼没的彗星居然也有稳定的轨道，而且还能被预测，这是人们难以想象的。因此，这颗彗星能否按时回归，引起当时科学界以及很大一部分人的关注。它不仅是对牛顿万有引力理论的一次直接检验，也是思想史上的一次革命。

1986年4月11日，哈雷彗星拖着一条漂亮的长“尾巴”划过夜空

到了1758年底，天文观测还不见有这颗彗星访问地球的信息，有的天文学家动摇了对哈雷的信任，并对牛顿万有引力理论的正确性表示了怀疑。但不久，哈雷最初的预言和克雷洛更精确的推算终于被证实了。1759年3月13日——与预算日期仅差一个月，这颗彗星通过近日点，光耀夺目。5月15日，它向世人展现出长长的美丽的彗尾，从而使它成为人类确认的第一颗周期性彗星，后来被命名为哈雷彗星。

根据我国著名的天文学家张钰哲先生考证，从历史上说，最早看到哈雷彗星的是中国人。我国的古书《春秋》中记载着，鲁文公十四年（前613）它出现过，这是世界上第一次关于哈雷彗星的确切记载。之后，从公元前240年起，哈雷彗星的每次出现，我国都有记载。1955年苏联天文学家什克洛夫斯基曾经很客观地作出评价：“在中国近2000年的史志记载中，毫无遗漏地记载着哈雷彗星的出现。”遗憾的是，我国古人仅是记载，没有对它作过比较深入的研究。所以，这份殊荣属于哈雷是完全应该的，也是合情合理的！

哈雷彗星自从那次历史性回归以来，1835年、1910年又两次光临地球。1985 年底至 1986 年 5 月这段时间里，神秘的哈雷彗星又出现在地球上空。这次回归时，在 1986 年 4 月 11 日离地球最近，约 6300 万千米。遗憾的是，4 月 10 日那天的天色恰好很昏暗，幸得通过国际合作，借助于现代的观测手段，包括与哈雷彗星相遇的火箭探测器等，使天文学家收集到了许多激动人心的信息。

纪念哈雷彗星的邮票

哈雷彗星的下一次回归将在 2061 年前后，希望有幸的读者们那时不要错失宝贵的机会，一睹哈雷彗星的芳容。

08 笔尖下发现的行星

◇

哈雷预言彗星的回归，不仅使人们更新了对彗星的认识，也是对牛顿万有引力理论的一次检验。在科学史上，对万有引力理论更精彩的检验，则是两个年轻人根据万有引力理论在笔尖下发现的行星——海王星。

在哥白尼和开普勒时代，人们知道的太阳系仅有六颗行星，最外围的是土星。1781 年 3 月 13 日的半夜时分，当时在英国以乐师为业的天文爱好者赫歇耳，在其妹妹的协助下，用他们自己研磨制造的、口径 15 厘米的望远镜观察双子座时，突然发现附近有一颗很陌生的星。它比较亮，可是在星图上却查不到。兄妹俩换用更大倍数的望远镜观察后，肯定它不是一颗恒星。于是，他们连续进行观察，发现它每天在缓慢地移动。开始时，他们认为这是一颗新发现的“彗星”。后来，赫歇耳根据所得到的观测数据，计算出它的

赫歇耳发现天王星的望远镜

轨道，发现它离开太阳的距离竟比土星还远了约一倍，他意识到自己发现了一颗新的行星。接着，经过一段时间的继续观测后，天文学界终于确认这是太阳系里的一颗新行星。后来人们采用了希腊神话中的尤拉纳斯神（天王）的名字，称它为天王星。

天王星的发现，一下子使太阳系的边界扩展了一倍，激起了许多天文学家浓厚的兴趣，纷纷对它进行观测和研究。不过，奇怪的是，在天王星发现后半个多世纪的时间里，人们用万有引力理论来预报天王星的位置时，不像以往预报其他行星在天空中的位置那样准确，天王星就像一个淘气的小孩，它的实际运行轨道总与理论计算有偏差。那么，究竟是观测有误，还是万有引力理论不正确呢？天王星的“出轨”现象又一次成为对牛顿万有引力理论的严峻考验。

针对天王星的反常现象，德国著名数学家贝塞尔大胆地提出一个假设——在天王星外存在着另一颗未被发现的大行星，由于这颗行星强大的引力，影响了天王星的运行，因此才出现了偏差。

天文学家知道，要在茫茫的太空中从一个已知行星的运动以及另一个假设中的行星对它运动的影响，去确定这个未知行星的运动轨道，这是一件非常困难的事。它涉及的未知量很多，需要求解的有相互关联的方程式也必然很多（后来的计算表明，需要解出由33个方程所组成的联立方程组）。当时还没有计算机，其复杂和困难程度可想而知。

在这样世界性的难题面前，有谁敢于应战呢？真可谓“初生牛犊不畏虎”，英国大学生亚当斯和法国年轻的天文学家勒维耶勇敢地站出来接受了挑战。

亚当斯于1819年6月5日出生在英国康沃尔州的一个佃农家庭。1841年，他正在剑桥大学读书，对天王星的“出轨”现象产生了莫大的兴趣。他决心利用建立在牛顿万有引力定律基础上的天体力学理论，把这个神秘的行星的轨道计算出来。1843年，他从剑桥大学毕业，继续着已考虑了一段时间的这个课题。经过艰难的探索和复杂的计算，两年后，他终于取得

亚当斯
J. C. Adams
（1819—1892）

了初步的结果。

在 1845 年 9、10 月间，亚当斯把计算结果分送给格林尼治天文台台长埃里和剑桥大学天文台台长查里士，请求他们用望远镜在自己指出的那片天区寻找一下。

那时，亚当斯的资历很浅，还只是一个名不见经传的小伙子，因此他的论文很遗憾的没有立即得到应有的支持。这两个著名天文台里的人不愿意暂时放下正在从事的工作，去进行一项可能漫长又乏味的搜索。直到 1846 年 7 月 29 日，天文台才开始进行搜寻，但在搜寻中又有两次把这颗新行星当作恒星轻易地放过了。同年的 9 月初，亚当斯再次把更精确的计算结果送给了埃里，可惜仍然没有得到足够的重视。

勒维耶于 1811 年 3 月 11 日出生在法国西北部诺曼蒂省圣诺镇的一个小职员家庭。他从小聪明好学，尤其酷爱数学，19 岁时，靠着奖学金进入巴黎大学读书。1835 年毕业后，由于他爱好天文，于 1837 年回母校当上了天文学助教。后来由于他对太阳系的行星轨道变化的研究，作出了重要成果，在天文学界已经崭露头角。他同样对天王星的“出轨”现象极感兴趣。

勒维耶
U. Le Verrier
(1811—1877)

1845 年夏，巴黎天文台台长阿拉果就把这一艰巨的任务交给他。经过 1 年多时间艰苦的努力，到 1846 年 8 月 31 日，他终于出色地完成了对这颗未知行星的理论计算，并向法国科学院写了一份研究报告，预告了那颗行星的位置。由于当时巴黎天文台没有详细完备的星图，于是他向拥有大量星图的德国柏林天文台求助。

1846 年 9 月 18 日，他又写信给德国天文学家伽勒，求援说：“请您把你们的望远镜指向黄道上的宝瓶座，即经度 326°的地方，您就将在此点约 1°的区域内，发现一颗新的行星，它的亮度约近于 9 等……”

勒维耶比亚当斯幸运。9 月 23 日，在伽勒收到这封信的当天晚上，就按照勒维耶信中所指出的那个位置，用望远镜做了认真的搜索。大约半小时后，他果然在勒维耶预报的位置附近，发现了原来星图上没有的略带淡绿色的一颗 8 等小星。第二天晚上，伽勒继续观测，发现这颗星在恒星之间微微地移动了位置。由此表明，这确实是一颗在茫茫太空游荡的行星。9 月 25 日伽勒复信给勒维耶："先生，你给我们指出位置的新行星是真实存在的……"

以后，又经过其他天文学家的一系列观测研究，证实这颗行星正是太阳系的第八颗大行星。

这个新行星的发现立即轰动了整个世界，它的传奇般的事迹更是被人们津津乐道：一位天文学家在巴黎凭计算预言出一颗新行星的位置，另一位天文学家在柏林从望远镜里找到了它。巴黎天文台台长阿拉果说："……勒维耶先生发现这个新的天体，都没有朝天一瞥，他在他的笔头的尖端便看到这颗行星了。只靠计算的力量，他决定了我们所知道的行星的疆界之外的一个天体的位置和大小，这是一个离太阳 12 亿里（当时法国的单位——注）的一个天体，在最大的望远镜里也看不出它的圆轮来。"

这确实非常了不起，阿拉果认为勒维耶"为祖国争得了光辉，为子孙赢得了荣誉"，建议把这颗星命名为"勒维耶星"。但是，勒维耶非常谦虚地拒绝接受。后来人们仍然采用传统的行星命名方法，称为"Neptune"，这是古罗马神话中的海神，我国称它为海王星。

这时，有人也想起了亚当斯当初的工作。人们把勒维耶和亚当斯的计算结果作了仔细的比较，发现两人的结果几乎完全相同。在亚当斯的论文中写道："新行星位于宝瓶座，其亮度大约相当于一颗 9 等星……"真可谓"英雄所见略同"。

两个年轻的对手究竟谁胜谁负？英法两国的学术界曾一度激烈地争论海王星的发现优先权。不过他们两人都表现得异常平静，对名利十分淡薄。亚当斯甚至对格林尼治天文台台长埃里也没有丝毫的怨言和责怪之心。他在日记中写道："对他人的荣誉不应嫉妒，对自己的成功不应骄傲。"充分表现了一位科学家高尚的情操。1847 年英国女皇在参观剑桥大学时，曾让校长转告亚当斯，为表彰他在研究新行星方面的贡献，女皇陛下决定给他授予爵位。可亚当斯却谦逊地说："这是科学巨人牛顿曾经获得过的殊荣，我与牛顿是无法相比的。"

历史是公正的，人们称他们两人都是海王星的发现者。后来，英国皇家天文学会把两枚金质奖章分别授予勒维耶和亚当斯。

1848 年，在海王星发现了两年之后，勒维耶和亚当斯在伦敦会见，他们非但没有计较谁应该获得首先计算出海王星轨道的荣誉，相反两人成了好朋友。从此，两人在科学研究中进行友好合作，成就了科学史上的一段佳话。后来，他们两人都继续着对天文学的研究。

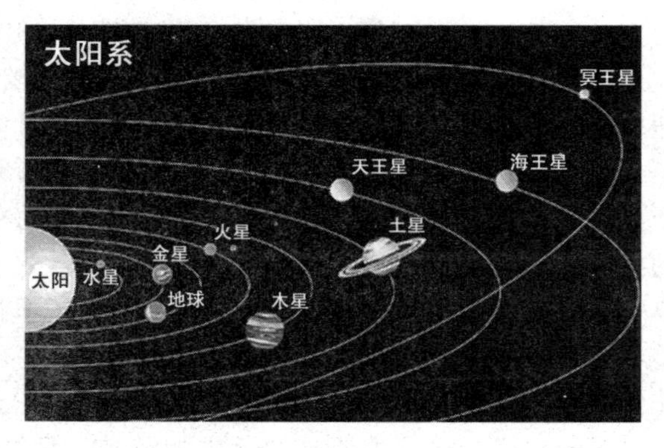

行星的轨道示意图

海王星的发现是一件轰动世界的大事。两个年轻人没有向天空看一眼，用笔和纸居然能够发现肉眼看不见的、远在太空深处的行星，这是令人难以忘怀的"科学上的一个勋业"。可以说是对牛顿万有引力理论的最直接的检验，是牛顿万有引力理论的伟大胜利。从此，牛顿的万有引力理论更是威名大震，使当时那些对引力理论抱有怀疑态度的最顽固的保守派，也不得不在事实面前低了头。

海王星的发现也是对哥白尼太阳系学说的检验。恩格斯对海王星的发现作出了高度的评价："哥白尼的太阳系学说有三百年之久，一直是一种假设。这个假设尽管有百分之九十九，百分之九十九点九，百分之九十九点九九的可靠性，但毕竟是一种假设。而当勒维耶从这个太阳系学说所提供的数据，不仅推算出一定还存在一个尚未知道的行星，而且还推算出这个行星在太空中的位置的时候，当后来伽勒确实发现了这个新行星的时候，哥白尼的学说就被证实了。”

海王星的发现，除了它所具有非常重大的科学意义外，这两位青年科学家在发现过程中所留给后人的教育意义，同样也是非常重大的！

09 绚丽的太阳光

牛顿不仅以他的运动三定律和万有引力定律奠定了经典力学的基础，还使古老的光学焕发出青春光彩。

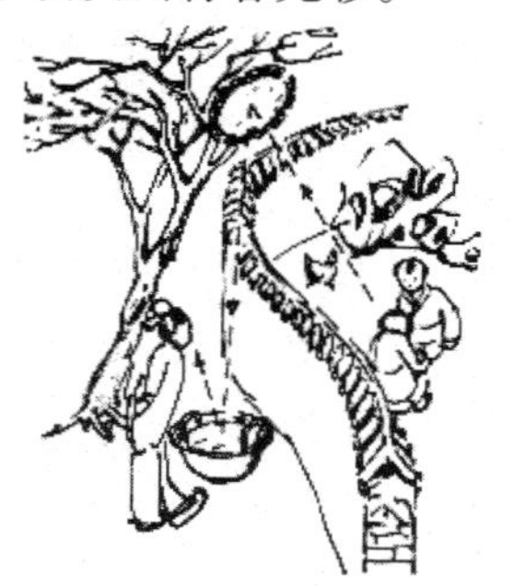

中国古人利用光的反射进行观察

光学是物理学中最古老的基础学科之一。人们很早就从生活实践中认识了光的直线传播、光的反射和折射等现象。后来，随着折射定律的建立和被严格证明，到17世纪中叶，几何光学基础已经奠定。

不过，那时人们对光和颜色关系的认识还很模糊，盛传着从古希腊亚里士多德流传下来的观点，认为颜色不是物体客观的性质，而是人们主观的感觉。一切颜色的形成都是黑暗与光明、白与黑按比例混合的结果。在科学界中对颜色的解释也很混乱。有的科学家认为，颜色是由于光线在被照射的物体表面发生变异所引起的；有的科学家认为，红光是大大地浓缩了的光，紫光是大大地稀释了的光……

牛顿在剑桥大学读书的时候，就对光学有着浓厚的兴趣，还自己动手磨制三棱镜和透镜。1665 年伦敦爆发了大瘟疫，牛顿回到家乡沃尔斯索普。白光的色散就是这段时期他在家乡从实验中首先发现的，并且跟万有引力理论一样有着传奇的色彩。

据说，在 1666 年的某一天，牛顿正在专心致志地研究引力问题，忽然一抬头看到从紧闭的窗缝里射进来一缕细细的太阳光。牛顿拿出最近磨制的一块三棱镜，让太阳光射到三棱镜的一个侧面上，这时他惊讶地发现，在对面墙上出现了一段彩色光带。在牛顿之前，笛卡儿、玻意耳等科学家也曾用三棱镜做过实验，但是没有得到什么积极的结果。因此，这个发现使牛顿异常兴奋。

牛顿观察太阳光通过三棱镜后发生色散

在以后的一段时间里，他集中精力研究这个现象。他把自己关在房间里，把门窗都遮得严严实实，只在窗上开了一个小孔，使得从小孔进来的太阳光照射到三棱镜上。牛顿看到呈现在屏上的不是一个圆的亮斑，而是一个由各种颜色的圆斑组成的像。这些圆斑以红、橙、黄、绿、青、蓝、紫依次排列，其中，紫光偏折得最厉害，红光偏折得最少。通过对实验的反复研究，他终于领悟到：“这个原因不是别的，正是由于太阳光不是同类的或均匀的，而是由不同类型的光线组成的，其中的一些比另一些更能被折射。”

那么，被三棱镜分解出来的各种色光，能不能再被分解呢？牛顿设计了一个实验：在上面这个实验用的光屏上开一个小孔，在屏后再加一个三棱镜，然后将从第一个三棱镜分解出来的七种色光，依次通过第二个三棱镜。实验结果发现，此时每一种色光都保持着原来的颜色，不会再分解了；并且，通过第一个三棱镜时红光偏折得不如绿光厉害，那么它们单独通过第二个三棱镜时也会产生同样的情况，仍然是红光偏折得不如绿光厉害。

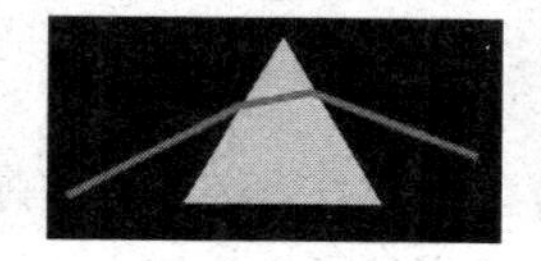

红光

绿光

单独使红光和绿光通过三棱镜，它们都不再发生色散

为了进一步证明白光是由各种色光组成的，牛顿又设计了另一个实验：他用一个三棱镜将白光分解成各种色光后，让它们再通过另一个顶角较大的倒置的三棱镜，结果发现，彩色的光带又会重新变成白光。这个实验，证实了白光的确是由不同成分的色光组成的。

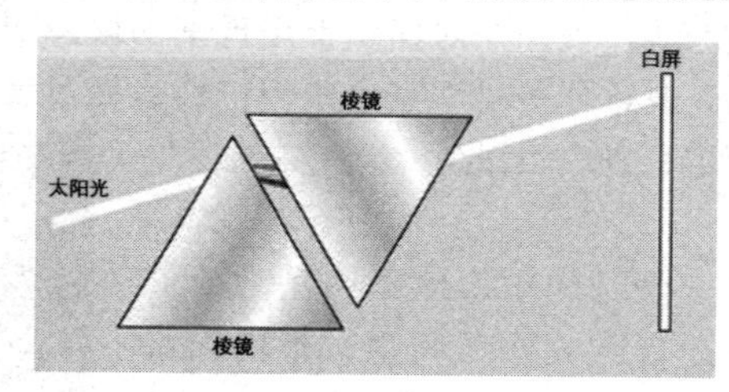

各种色光复合成白光的实验示意图

牛顿把通过三棱镜得到的每一种色光称为单色光，把太阳光（白光）称为复色光。他还设计了一个圆盘，盘面上按一定的比例涂有七种不同的颜色。当圆盘快速转动起来时，看起来就会是白色。这个简单的实验，直观的验证了太阳光是由七种不同的色光混合而成的道理。

通过这一系列的实验研究，牛顿得出结论：太阳光是由七种不同颜色的光按一定的比例混合而成的。对同一种介质，每一种光都有不同的折射率，因此它们通过三棱镜时就会发生色散，从而形成一条彩色的光带（称为光谱）。牛顿根据精细的测量，利用折射定律算出了玻璃对几种色光的折射率：

颜色	红	黄	蓝	紫
折射率	1.514	1.517	1.523	1.528

根据牛顿提出的“不同颜色光线具有不同的折射本领”的观点，就很容易解释虹霓的形成。雨后，天空中悬浮着许多小水滴，太阳光照射到水滴上，光线经折射后进入水滴，再经水滴内的反射和折射后射出水滴。由于水滴对各色光的折射率不同，发生色散，因此就形成了彩虹。牛顿在1666年完成了白光的色散实验后，接着就提出了关于颜色的新理论。牛顿认为，颜色是由光的折射率不同产生的，不同的颜色与不同折射的光线相对应。

牛顿对光的色散的发现具有重大的意义，它不仅使人们认识了太阳光的真面目，也使人们对颜色有了正确的解释，奠定了光谱学的基础。

在牛顿之前，人们使用望远镜时由于光的色散现象，成像质量常常很不理想。牛顿认识到了色散现象的原因后，他就自己动手在1668年制成了第一架可以避免色散的反射望远镜，其成像质量非常理想。反射望远镜的发明，可以说奠定了现代大型光学望远镜的基础。

牛顿在光学上的两大成果示意图
（左侧为牛顿手持三棱镜，右侧为他发明的反射望远镜）

牛顿在光学上的发现和发明，是牛顿科学成就的一个重要组成部分，也是他开始成名的主要原因。有人说过这样一句很风趣却又很有道理的话：“如果牛顿在1679年12月之前去世，他同样会由于光学和数学上的研究成果而在科学史上拥有很高的地位。”

10 对太阳光的新发现

◇ ……………………

牛顿的色散实验，展示出太阳光绚丽的面貌。可是，过了约一个半世纪，1802 年，英国物理学家沃拉斯顿用三棱镜观察太阳光谱的时候，发现了一个被牛顿所忽视的重要事实：原来太阳光谱并非真的那么绚丽，从红到紫的色谱中不规则地间隔分布着七条清晰的黑线，俨然成为太阳光中各种色彩之间另类的线条。

1814 年，德国的物理学家夫琅和费进一步发现，太阳光谱中的黑线，远不止七条，而是约有 700 多条（现代科学家可以看到 1 万多条），其中最明显的较粗的黑线有 8 条。他利用自己发明的光栅测出了它们的波长，并用 A、B、C、D、E、F、G、H 这 8 个字母分别表示。这里，A 表示位于红色部分最外端的黑线（波长为 7680 埃，1 埃 $=10^{-10}$ 米），B 表示位于红色部分中间的黑线（波长为 6870 埃）……对于这些黑线的形成，当时的夫琅和费百思不得其解。正当他想继续研究的时候，老天似乎不愿成人之美，夫琅和费在不到 40 岁时就被当时可怕的肺结核夺去了生命，无奈地终止了研究。

后来，人们为了纪念他对光谱研究的功绩，把太阳光中的这些黑线称为“夫琅和费黑线”。

那么，夫琅和费黑线到底是怎样产生的？为什么太阳光谱中会有这么多的黑线？……夫琅和费的发现引起了许多科学家的兴趣，纷纷对它作出一些猜测和研究。可是都因为缺乏足够的实验验证，无法定论。直到1859—1862年间，通过德国物理学家基尔霍夫和化学家本生的合作研究，物理与化学的珠联璧合，才揭开了隐藏在这些黑线中的奥秘。

基尔霍夫
G. R. Kirchhoff
(1824—1887)

基尔霍夫是德国物理学家，1824 年 3 月 12 日生于普鲁士的柯尼斯堡（今为俄罗斯加里宁格勒）。21 岁时他发表了第一篇论文，提出了稳恒电路网络中电流、电压、电阻关系的两条电路定律，即著名的基尔霍夫第一电路定律和基尔霍夫第二电路定律，解决了电路计算方面的难题。

1847 年基尔霍夫于柯尼斯堡大学毕业，1850 年被任命为布雷斯劳大学教授，在那里遇到了化学教授本生，他们成为了好朋友。

基尔霍夫利用本生发明的新型的煤气灯，把某种物质放在灯管里让它蒸发发光，就可以获得该物质很单纯的光。同时，他凭借着灵巧的双手，用一个直筒望远镜、一块三棱镜、一个雪茄烟盒和一片开有狭缝的铁片，制作成一个简易的分光镜，这也是世界上第一台分光镜，用于观察不同物质的光谱。

分光镜中各部分的主要作用：
平行光管——从狭缝射入的光经透镜后获得一束平行光
三棱镜——使光束色散形成光谱
标度管——在目镜中生成一个标尺，以便对光谱进行定量测量
望远镜——通过一组透镜能够把光谱“拉”成长的带子，便于用目镜 E 观察（或用照相机拍摄）

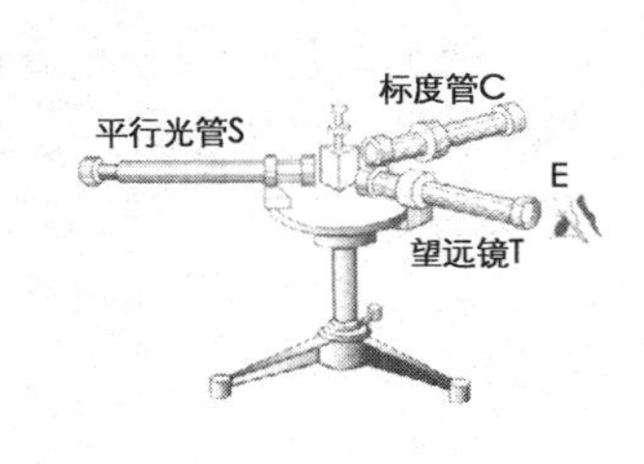

分光镜的结构及各个部件的作用

基尔霍夫将本生精心提纯的几种盐逐一放在本生灯的火焰里燃烧，然后通过分光镜进行观察，奇迹出现了：各种不同的盐产生着

具有不同特征的光谱线，例如：钠盐——两条黄色光线；钾盐——一条紫色光线，一条红色光线；锶盐——一条蓝色光线，几条红色光线；锂盐——一条红色光线，一条橙色光线……这几种盐本来都是白色晶体，从外表上很难区分，然而它们发出的光谱线却明显不同。

每一种元素燃烧时都有自己独特的光谱，就好像每人都有不同的指纹一样。而且，无论这种元素是单独存在或放到哪一种混合物里去，它的光谱始终跟它单独存在时一样。后来人们就把表征每种元素特点的这种光谱称为“特征光谱”。实验显示，只要含有极微量的元素（10^{-10}克），就可以得到它的“特征光谱”。这个事实使两位科学家敏锐地觉察到，可以利用光谱鉴定不同的物质和发现新的元素。这就是物理和化学“联姻”后发现的光谱分析方法。这个方法也使基尔霍夫领悟到可以根据太阳光谱确定太阳的成分，并有可能解开“夫琅和费黑线”之谜。

每个人的手指都有不同的指纹，不会随着年龄发生变化

为此，他想了一个很巧妙的方法：模拟太阳光。他用纯度很高的氢氧焰产生的高温使石灰棒燃烧，这个石灰棒就像一个“人造小太阳”，能够发出非常耀眼的光。它的光谱跟太阳光谱很相像，其中包含着从红到紫的各种色光，只是没有那些“夫琅和费黑线”。

然后，他先用分光镜观察石灰棒的光谱，并在它的前面放了一盏烧着钠盐的本生灯，让这样两种光线同时进入分光镜。这时，奇迹发生了：原来应该出现钠的两条亮线（称为钠双线 D_1、D_2）的位置上，出现了两条明显的黑线（称为吸收光谱），跟太阳光谱里的黑线完全一样。

正所谓“众里寻他千百度，那人却在灯火阑珊处”，聪明的基尔霍夫终于洞察到了“夫琅和费黑线”的奥秘。原来，当太阳发出的白光通过某种元素的蒸气时，太阳光谱中对应于该元素的亮线就会被“吸收”掉，从而在相应的位置上出现一条黑线。由于太阳上含有各种各样的元素，它们在太阳的高温下被蒸发后形成包围着太阳的蒸气，太阳光经过它们的时候，每一种蒸气都把太阳光中与它的位置对应的亮线吸收掉，于是就形成了许许多多条的黑线，也就是“夫琅和费黑线”。这样，基尔霍夫在解开“夫琅和费黑线”之谜的同时发现了一个重要的对应关系：一种元素在高温时发出的“特征光谱”跟它产生的“吸收光谱”的位置是一一对应的。

如果使高温的白光通过温度较低的钠蒸气，再通过三棱镜发生色散时，原来出现钠亮线的地方，就会出现暗线，形成钠的吸收光谱。

实验室里产生吸收光谱的方法

由于太阳周围大气中的物质都来自于太阳的不断蒸发，所以，根据太阳光谱中黑线的位置，也就可以知道太阳周围蒸气（也就是太阳）中所含有的相应元素了。后来，人们利用光谱分析方法发现了太阳上包含着地球上同样的各种元素，可见“造物主”当初对于这两个天体并没有“厚此薄彼”！

在19世纪中叶，法国有一位叫孔德的哲学家曾经作出断言：“恒星的化学组成是人类绝对不能得到的知识。”现在，根据基尔霍夫和本生发明的光谱分析方法，就可以在远离太阳1亿多千米之遥的地球上，测出太阳的化学成分。对于其他的遥远天体，同样可以根据它所发出的光谱去确定它的化学组成。据说，当时有一位银行家，对于发现太阳中含有各种元素无动于衷。他问基尔霍夫：“如果不能将太阳中的金子取到地球上来，发现它又有什么用呢?”后来，当基尔霍夫因其研究成果而被英国授予一枚奖章和一笔奖金时，他对这位银行家幽默地说：“这不就是太阳的金子吗?”

如果说，牛顿用万有引力统一了天上和地上的运动，富兰克林用风筝统一了天电和地电，那么，基尔霍夫依靠光谱分析方法统一了天体和地球的物质结构。

11 认识空气的力量

◇ ……………………

当哥白尼、开普勒将目光投向苍穹，探求宇宙结构并取得重大成就时，遗憾的是，人们对自己赖以生存的大气环境的认识却还是贫乏得可怜。正所谓“不识庐山真面目，只缘身在此山中”，人们依然传承着从古希腊亚里士多德以来的论断，认为空气只有上升倾向，不会下压，空气是没有重量的；认为“自然界害怕真空”，因此真空是不存在的；等等。由于对真空缺乏认识，因此当时的人们对于已经广泛使用、如今初中生都会解释的一个很简单的问题——用唧筒（抽水机）汲水的原因，普遍都感到困惑。

当活塞上升时，原来被活塞占据的位置上会出现真空，由于自然界具有天性不喜好真空或惧怕真空的脾气，所以千方百计地阻止真空的存在，因此水必然要跟着上升，这样就不至于出现没有空气的空间了。

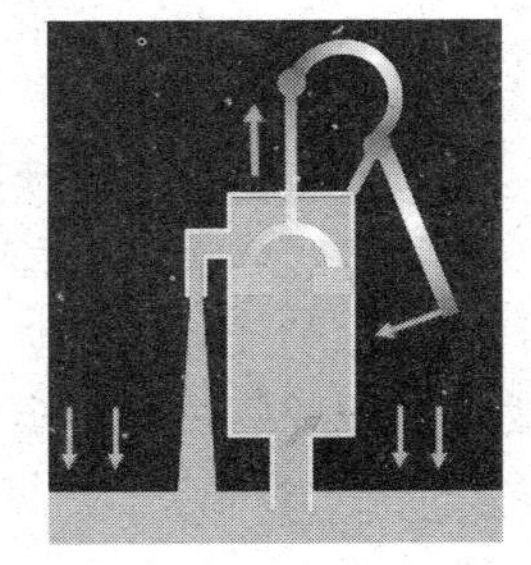

当时人们依据亚里士多德的观点，对唧筒汲水作出的解释很有趣

托里拆利
E. Torricelli
(1608—1647)

从亚里士多德时代流传下来的这种观点，包括像伽利略这样的大物理学家都受到其影响。1640 年，有个叫做托斯康纳的公爵为了建造喷水池，挖了一口很深的井，可是抽水机却一滴水也抽不上来。曾有人就这个问题去请教已 76 岁高龄、双目失明的伽利略。伽利略那时同样抱有“自然界厌恶真空”的观点，怀疑真空的存在。不过他认为这种惧怕真空是一种力，应该有一定的限度，并且可以进行量度。他曾企图设计一个实验来量度这个力。可惜伽利略还没有来得及进行这个实验便逝世了。值得庆幸的是，伽利略的遗愿由他晚年的学生托里拆利完成了。

托里拆利是意大利的物理学家和数学家。1608 年 10 月 15 日生于意大利华耶查城的一个贵族家庭，从小就受到良好的教育。20 岁时去了罗马，受教于伽利略的学生、著名数学家与水利学家卡斯德利。这段时期的生活对他后来的研究产生了很大的影响。

1641 年，托里拆利出版了《论物体的运动》一书，企图对伽利略的动力学定律作出自己新的结论。伽利略很欣赏托里拆利的见解，因此从这一年的年底开始，托里拆利就充当了伽利略的助手。

伽利略对于真空的疑问引起了托里拆利的思考：难道唧筒汲水真是“自然界厌恶真空”的作用吗？按照这种说法，水应该能被抽到任意高度，为什么这种厌恶又有一定的限度呢？

托里拆利和伽利略在一起

正当托里拆利沉浸在对真空问题的思考中时，从罗马传来了一个消息：数学家贝尔蒂用一根长 10 多米的铅管做成了一次真空实验。托里拆利听说后很感兴趣，他想改用长玻璃管做实验，以便看清楚活塞运动时水被吸上来的过程。可是，要制造这么长的一根玻璃管，在当时简直是异想天开。托里拆利意识到这个困难后，曾经苦思冥想了很长一段时间，后来他巧妙地把问题反过来考虑：如果水跟着活塞上升确是“自然界厌恶真空”的作用，那么，当将管子的一端封闭，装满水后倒过来，水就不应该降落，否则上部不是又形成真空了吗？如果水降落的话，也必定有一个限度。他根据伽利略的思想，如果认为这种惧怕是一种力，而且这种力只能使水在 10 米多的高度上停下来，那么改用比水密度大的其他液体，必然只能使它停留在较低的地方。

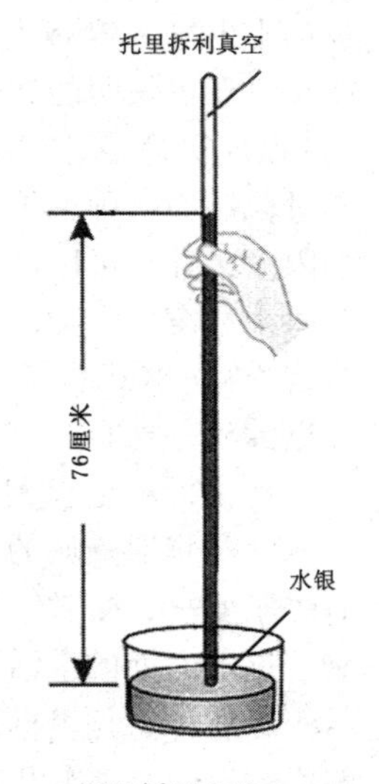

托里拆利实验

托里拆利从力学的观点形成了这样的想法后，开始用海水、蜂蜜等液体进行实验，效果都不理想。后来，他想到了用密度比水大得多的水银做实验。

1643 年，托里拆利将一根长约 1.2 米、一端封闭的玻璃管灌满水银后，用手指堵住开口的一端，竖直倒立在水银槽里，松开手指后，看到水银柱开始下降，最后停留在比槽里水银面高出约76 厘米的地方。水银柱上部的一段空间，托里拆利认为是真空，后人都把它称为“托里拆利真空”。

后来，托里拆利又在不同日子里多次重复这个实验，他发现停留在玻璃管中的水银柱高度会有微小的变化。他幽默地写道：“自然界是不会像一个轻佻的姑娘，在不同的日子里有不同的惧怕。”风趣地批驳了亚里士多德关于“自然界厌恶真空”的说法。

为了证明水银柱上部的这段空间是真空，托里拆利又做了另一个实验。他先用水银重复上面的实验，再在水银槽里加进一些水，然后把玻璃管慢慢向上提起，当玻璃管口到达水银和水的界面以上时，管内的水银立即全部流出，同时水趁势充满全管。这个实验充分说明了水银柱上部确实是真空。

那么，究竟是什么力量托住玻璃管中的这段水银柱，使它能够不落下来呢？

托里拆利坚定地认为："空气。在我们周围的空气压迫着水银的表面。"他认为，是由于空气对水银槽里水银的压力跟玻璃管中水银柱重力相平衡造成的。1644 年，他在给朋友 M. 里奇的信中说道："我们是生活在大气组成的海底之下的。实验证明它的确有重量……"

为了证实空气压力的作用，托里拆利又做了一个实验。他用两根不同形状的玻璃管做实验，一根粗细均匀，另一根上粗下细。实验结果表明，尽管两根玻璃管的形状不同，倒立时留在管内水银柱的竖直高度都相同。托里拆利据此推算出，大气压的大小相当于 76 厘米高的水银柱产生的压强，即

$$p = 76\ \text{cmHg} = 1.013 \times 10^5\ \text{Pa}$$

因此，通常人们手指甲那么大的一小片面积上，受到的空气压力可以达到 10 牛左右，相当于把质量为 1 千克的物体全部压在这个手指甲上，这在几百年前，人们是很难理解的，他们想不通平时毫无感觉的空气竟然会产生这么大的压力。后来，托里拆利在这个实验原理的基础上，制成了水银气压计。

托里拆利对真空的发现，是对亚里士多德力学最后的致命一击，也是对中世纪教廷所延续的陈腐落后观点的挑战。因此，开始时实验结果不仅被教廷当作秘密隐藏起来，还有一些人妄图否认托里拆利的工作。他们竟然毫无根据地推测："托里拆利管的上部空间，充满了一种纯净的空气，它们是通过玻璃管的微孔进入管中的。"但是，真理是不可能被封锁，也是不可能被歪曲的，托里拆利实验的消息很快传到了法国，不久，经过法国物理学家帕斯卡进一步的研究，支持和证实了托里拆利的理论。从此，真空的概念和大气压的作用终于得到了普遍的认同。

12 他用一杯水撑破水桶

◇ ……………………

托里拆利于1643年做了证实大气压的实验后，不久就被去意大利旅行的法国人魏尔知道了。接着，这个实验很快就在法国传播开来，引发了年轻的帕斯卡极大的兴趣。

帕斯卡是法国数学家、物理学家，1623年6月19日生于法国奥维涅省的克勒蒙菲朗。他的父亲是位著名的数学家，母亲也受过良好的教育，可惜在帕斯卡幼年时，母亲就去世了。1631年他们全家迁居巴黎。

帕斯卡
B. Pascal
(1623—1662)

帕斯卡没有受过正规的学校教育，由他的父亲和两个姐姐负责对他进行教育和培养。他对数学很感兴趣，很小的时候就通读了欧几里得的《几何原本》，并掌握了它。12岁时，独自发现了“三角形的内角和等于180度”这个关系。16岁时参加了巴黎数学家和物理学家小组的学术活动。就在这个时期，他发表了第一篇数学论文——“圆锥曲线论”。在这篇论文里，他提出了射影几何的一个重要定理。这条定理后来被称为帕斯卡定理，并成为射影几何学上的基本定理之一。当时，法国的一些数学家也在进行这方面的研究工作，却不料被这个少年走到了前面，使得包括像笛卡儿这样著名的数学家都大为震惊。因此，开始时甚至有人怀疑是出于他父亲老帕斯卡之手。不过，当大家听了他的进一步论证后，就完全信服了。从此，帕斯卡扬名数学界。之后，他继续着对数学的研究。

虽然帕斯卡从小立志像父亲一样成为数学家，不过他在物理学上同样作出了很大的贡献，主要是在对大气压和流体静力学的研究方面。

当帕斯卡知道了托里拆利的研究后，他定做了几根优质的玻璃管，在 1646 年 10 月，几次成功地重复了托里拆利的实验。后来，帕斯卡又准备了几根长约 12 米的各种形状的玻璃管，把它们固定在船桅上，分别用水和葡萄酒做实验。当时很多人猜测，由于酒容易蒸发，在蒸发出来的葡萄酒气体作用下，留在管内的液柱高度应该比水柱低一些。然而，实验结果恰好相反。帕斯卡认为，这说明管内液柱上部出现的空间的确是真空。由于葡萄酒的密度比水小，因此能被大气压力所托起的液柱高度比水柱高。

通过这次实验后，帕斯卡又进一步设想：如果在托里拆利实验中，留在管内的水银柱确实是被大气压力所托住的话，那么，在海拔比较高、空气稀薄的地方，能托住的水银柱应该短些。为了验证这个想法，他在巴黎的圣・杰克塔做了一次实验。虽然圣・杰克塔的高度仅有 50 米，但在塔下和塔顶实验时，确实也测得水银柱有 4.5 毫米的高度差。

帕斯卡为了得到更肯定的结果，在 1648 年 9 月 19 日，写信给他的内弟佩里埃，要他在海拔约 1600 米的多姆山顶上做一次真空实验。结果发现，在山顶上管内的水银柱比地面上低了 8.5 厘米。这个结果使他非常赞赏和惊奇，由此他还进一步设想，利用气压的变化来测量山的高度，不过，没有获得圆满成功。

帕斯卡的这一系列实验，不仅再次证实了托里拆利真空的真实性，彻底否定了亚里士多德以来认为空气没有重量的错误论断，还进一步指出了大气压随高度变化的原理，极大地推动了人们对于真空的认识。可以这么说，帕斯卡在真空的研究上已超越了托里拆利。

帕斯卡除了对大气压有研究外，对流体静力学也极感兴趣，并且取得了杰出的成果。

大家知道，早在公元前 200 多年，古希腊的阿基米德就对流体静力学有过研究。不过阿基米德只是从一些公理出发，通过严密的逻辑论证后才发现浮力定律的。因此直到 17 世纪，还有人反对阿基米德定律。帕斯卡不仅从理论上论证了浮力定律，还进一步指出，在静止的液体内部，由于液体的重量所产生的压强仅跟深度有关。因而，盛有液体的容器的器壁上所受到的压强也仅跟深度有关。

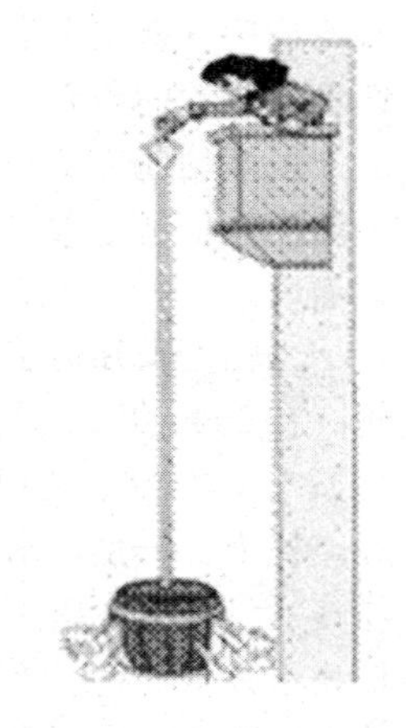
帕斯卡裂桶实验示意图

为了说明液体的压强仅与深度有关，据说，他还做了一个脍炙人口的实验：取一个大木桶，把它密封起来，再在盖面上开一个小孔，小孔内插入一根细长的管子。他先在桶里灌满了水，然后再取一杯水，从细管的上端灌下去。由于管子很细，所以一杯水就能使水面一下子升得很高。因此，桶内壁各处受到的压强也急剧增大，当木桶不堪重负时，水就会破壁四溅。只用一杯水就把一个木桶给撑破了，帕斯卡的裂桶实验给人们留下了深刻的印象，至今还一直被人们津津乐道。

帕斯卡在流体静力学研究方面的一项最重要的成果，是在 1653 年发现了被后人命名的“帕斯卡原理”。

在一个充满了水、两边带有活塞的密闭容器中，如果左边大活塞面积是右边小活塞面积的 100 倍，那么当在小活塞上加了 $F=100$ 牛的压力后，就可以托起放在大活塞上重 10000 牛的物体。也就是说，在两边活塞上的作用力跟它们的面积成反比。

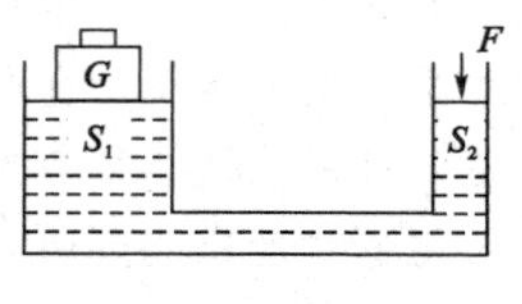

水压机原理

这就是在初中物理中已经熟知的“帕斯卡原理”，它揭示了有关液体压强传递的性质。通常，可以简单地表述为：“加在密闭的静止液体上由外力产生的压强，可以大小不变地传到液体内各个地方。”

现在所用的水压机、液压传动装置等，都是利用帕斯卡原理工作的。后人为了纪念他，规定压强的单位为“帕斯卡”（简称为“帕”）。

13 轰动马德堡的大气压实验

当托里拆利、帕斯卡用实验成功地挑战“自然界惧怕真空”的说法时，德国的物理学家格里克对真空的争论也很感兴趣，独立地开展着同样的研究。

格里克于1602年11月20日出生在德国马德堡的一个富裕家庭。15岁时进入莱尼兹大学学习法律，毕业后，曾先后赴英、法两国留学，23岁时才回到故乡。当时的欧洲正卷入战争的旋涡之中，马德堡被攻占后，全市烧毁一空，格里克英勇参战被敌人所俘，经过瑞典朋友的资助，才得以赎身出狱。

格里克
O. V. Guericke
(1602—1686)

后来，德国在瑞典国王的帮助下，收复了马德堡市。1646年，格里克被选为该市市长。他就任之后，兢兢业业地工作，不遗余力地架建桥梁，建造要塞。此外，他还亲自动手种田，以生产当时奇缺的粮食。

同时，他凭着对科学的热爱，在业余时间里也饶有兴趣地进行着对自然现象的研究。

起初，格里克是研究天文学的，后来，人们关于真空的争论也引起了他很大的兴趣，于是转入到对真空的研究中来了。他根据自己对天文研究的认识，对真空有着独特的见解。他认为，千万年来天体的运动没有衰减的趋势，可见天体不是在空气中运行的，而是在真空中运行的，这样才不会对天体的运动产生阻力。他认为要弄清楚真空的情况，就要制造一个真空，从而可以直接研究真空的性质。

格里克第一次真空实验

格里克第二次真空实验

为了制造一个真空，开始时，他利用早在古希腊时已发明的汲水唧筒进行实验。他在一只原来存放葡萄酒的大木桶里装满了水，然后密封起来，只留一个抽水管口。然后，接上黄铜抽水泵，叫三个强壮的助手用力拉动活塞，把桶里的水往外抽。格里克设想把水全部抽出就可以形成真空了。抽水不久，他便听到一些噪声，桶内剩下的水仿佛在剧烈地沸腾一般。继续抽水时，由于木桶漏气，第一次抽真空的试验失败了。

后来，格里克改用一个中空的黄铜球做试验。开始时，活塞很容易被拉动，慢慢地就发现拉动活塞比较困难了，需要两个人用力才勉强能够拉动。之后，活塞就越来越难拉动了，继续实验时，突然间，发出霹雳似的一声响，黄铜球竟然被压瘪了。

在这次实验后，格里克用了一个更加结实的中空铜球做实验。后来，他在多次实验的基础上，经过精心设计和试验，终于制成了活塞式抽气机。利用这个抽气机，做了许多关于真空和大气压的实验，有了许多新的发现。

例如，他发现，真空里的火焰会熄灭；鸟和鱼在真空中都会死去；葡萄在真空中能保持6个月不变质；光能在真空里传播，而声音不能在真空里传播等等。

“马德堡半球”实验

1654年，格里克做了一个在科学史上被传为美谈的“马德堡半球”实验。他制造了两个直径约1.2英尺（30厘米左右）的空心铜半球，把它们密合在一起，用抽气机抽去中间的空气。然后，他让两个马队分别向相反方向使劲地拉一个半球，开始时这两个半球依然紧密地结合在一起，最后直到两边各用了16匹强壮的马，才把这两个半球拉开。这个实验，使得在现场观看的皇帝斐迪南三世和帝国国会众多的官员及民众都深感震惊。

格里克的“马德堡半球”实验，充分显示了大气压的威力，引起了极为轰动的效果。从此，人们直观地认识到，我们确实是生活在大气压的怀抱中。

为了证明真空的“力量”，后来他又做了一个实验：把一个活塞用绳子拴住，再将绳子绕过一个滑轮，请二三十个人拉住这根绳子。当这个活塞的套筒跟抽成真空的容器接通时，活塞立即被大气压力向前推进，拉着绳子的这些人也就同时被向前拉去，充分显示了大气压的威力。

格里克非常重视实验研究，主张让事实说话。他对当时盛行的亚里士多德派的清谈很反感。他认为：“雄辩术，优雅的语言或争论的技巧，在自然科学的领域中，是没有用处的。”格里克用自己的行动，为自己的话做了最好的说明。

14 第一个真正国际性的发明

◇ ………………

自从托里拆利真空实验和马德堡半球实验充分揭示了空气具有的强大力量后，人们很自然地想到能否利用空气或蒸汽的力量为人们服务的问题。

有一个美丽的故事，说的是瓦特小时候看见蒸汽把壶盖顶起来，启发他后来发明了蒸汽机。实际上，蒸汽机从发明到逐渐完善经过了漫长的过程，凝聚着许多发明家的智慧。

17 世纪末，英国的军事工程师萨勿里首先采用使热蒸汽冷凝降压形成真空的设想，设计和制造了第一台蒸汽抽水机，约有几百马力。但是，这台蒸汽机使用不够方便，全套设备都要安装在井下，而且，锅炉中产生的是高压蒸汽，有爆炸的隐患，在工作中需要反复地冷却汽缸，热效率很低。

萨勿里蒸汽机的工作原理：

从锅炉（1）输出的蒸汽，通过两个进气阀（6）、（7），轮流进入左右两个汽缸（2）和（3）。若现在关闭汽阀（7），并用冷水箱（5）洒水冷凝，汽缸（2）内的压强骤然降低，并中的水即可沿着进水管（4）上升，并顶开阀门（12），压到汽缸（2）内；而汽缸（3）内已被吸上的水，依靠来自锅炉的蒸汽通过汽阀（6）使它推开阀门（9），通过排水管（8）排出。两个汽缸交替循环工作，就可以不断地利用蒸汽的膨胀和冷却来完成抽水工作。

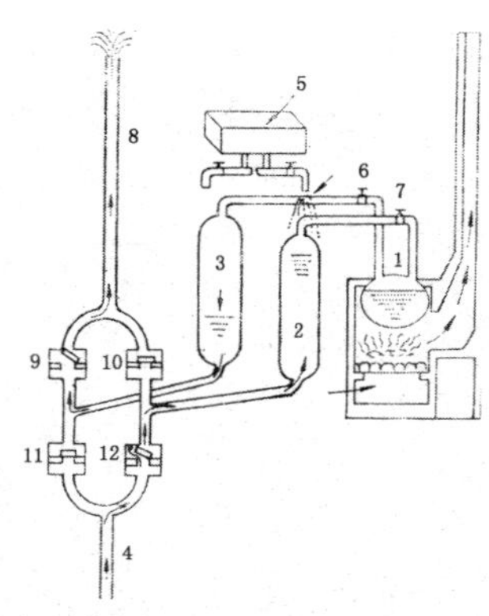

萨勿里蒸汽机的结构和工作原理

后来，英国技工钮可门从 1711 年起经过几年的努力，改进了萨勿里蒸汽机，制成了一台大气蒸汽机。他使用的是低压蒸汽，用冷水冷凝后形成部分真空，在大气压力的作用下使活塞运动进而进行抽水。钮可门蒸汽机的热效率有所提高，它可以放在矿井上面，操作比较方便也比较安全。所以，钮可门蒸汽机很快传遍英国，并被推销到国外，它在矿井中使用了 70 ~ 80 年。

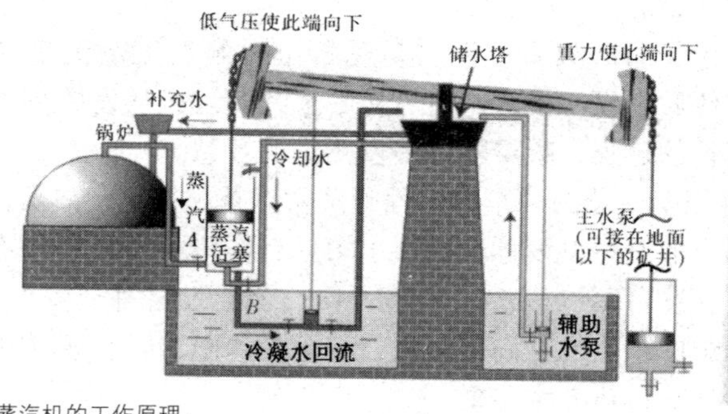

钮可门蒸汽机的工作原理：

从锅炉提供的蒸汽，经供汽阀（A）进入汽缸，推动活塞上升，到达上止点时，关闭汽阀（A），打开冷水开关（B），向汽缸内喷入冷水，汽缸里的蒸汽被冷凝，形成部分真空，在大气压的作用下使活塞下降，通过摇杆带动水泵抽水。

钮可门蒸汽机的结构和工作原理

但是，钮可门蒸汽机同样有一个严重的缺陷，它仍然需要对汽缸不停地局部冷却，损失的热量很多，因此热效率仍然很低。真正使蒸汽机达到实用的地步，应该归功于英国发明家瓦特所作出的创造性贡献。

瓦特
J. Watt
（1736—1819）

瓦特于1736年1月19日出生在英国造船工业中心苏格兰格拉斯哥市附近的格林诺克。他的父亲是一个技术熟练的造船工人，经营着一个小作坊，专门修理和制造船上的设备。瓦特从小体弱多病，不能按时入学，于是就在父母的辅导下完成了启蒙教育。

后来，瓦特进了格林诺克的文法学校，学习非常勤奋，数学、物理等课程的成绩特别好。但由于身体不好，没有毕业就退学在家进行自学。15岁时，就学完了《物理学原理》等书籍。这段时间里，他也常到父亲的作坊去，向工人们学习技术以及如何使用工具。他的父亲还专门给他准备了一间小屋，让他自己动手制作各种机械模型、修理航海仪器、进行化学和电学的实验。经过几年的锻炼，瓦特掌握了许多机械制造方面的知识和实践技能，为他后来的发明打下了坚实的基础。

正当瓦特的身体有所好转，希望进大学继续学习的时候，家里发生了不幸的变故。先是父亲经营的作坊遭受重大挫折，被迫破产了，紧接着瓦特的母亲去世，他的家庭顿时陷入了困顿之中。17岁的瓦特只能放弃上大学的打算，通过在格拉斯哥大学当教授的舅舅的介绍，到一家钟表店当学徒。1755年又去伦敦，在有名的机械师摩尔根手下当学徒。由于瓦特刻苦学习，努力实践，虚心向老师傅和师兄弟请教，几乎将全部精力都投入到学艺中，很快就学会了制造难度较高的象限仪、罗盘和经纬仪等仪器，在一年内学会了通常需要四年才能掌握的技艺。

1757年，瓦特回到家乡。在他舅舅的同事迪克博士的推荐下，他进了格拉斯哥大学当了修理教学仪器的工人。他在这个学校里不仅熟悉了当时社会上的先进技术，开阔了眼界，也从大学的教授、学者那里学到了许多物理学的理论知识，因此瓦特有着“工人科学家”的美称。

瓦特从 1764 年起，通过对格拉斯哥大学里一台钮可门蒸汽机模型的修理开始，经过近 30 年的潜心研究，对蒸汽机作出了多项重大的创造性的发明。归结起来，主要有这么几项：

第一，发明了分离冷凝器。原来的蒸汽机，蒸汽在汽缸中膨胀做功，又在汽缸中冷却。汽缸一会儿被加热，一会儿又被冷却，浪费了很多热量。1765 年，他设计了一种带有分离冷凝器的蒸汽机，利用阀门把做过功的废气排入冷凝器内冷却后再排出。这样，就不需要反复地加热和冷却汽缸，大大地减少了热量的损失，节约了煤耗，提高了蒸汽机的效率。这是瓦特对蒸汽机极其重大的一项改进，恩格斯评价说：“瓦特给加上了一个分离的冷凝器，这就使蒸汽机在原则上达到了现在的水平。”

第二，发明了“双动作”的汽缸装置。在原来的蒸汽机中，蒸汽从一端进入，从另一端出来，它推动活塞做功是单向的，影响了效率的提高。1782 年，瓦特试制成功了具有双向装置的新汽缸。他采用了一套连动机构去控制气阀，使蒸汽轮流从左方或右方进入汽缸，推动活塞往返运动。

第三，发明了平行连杆机构。过去的蒸汽机只能带动做往复直线运动的机件，使用范围狭窄。1784 年，瓦特发明了平行连杆机构，利用它就可以使活塞的往复直线运动转变为旋转运动，不仅扩大了蒸汽机的适用范围，转速也有了很大的提高。后来，为了使旋转运动更加均匀稳定，瓦特利用惯性原理，在轮轴上加装了一个很大的飞轮。

第四，发明了离心调速器和节气阀。这是瓦特在 1787 年作出的成果。利用它，可以根据飞轮的旋转速度，控制进气量的多少，从而自动调节转速的大小。

此外，瓦特还发明了汽缸套（将汽缸四周包以隔热的材料），有利于保持汽缸的高温；发明了汽缸示功器（1790 年），可以直接反映机器做功的多少；将行星齿轮机构改为曲柄连杆结构（1794 年）等。此外，他还在完善机械结构和适应不同使用要求等方面作出了多项改进。可以这么说，瓦特实现了对钮可门蒸汽机的彻底的革命。

瓦特蒸汽机跟现在使用的蒸汽机已基本相同。他的这些发明与改进，使蒸汽机的发展跨出了历史性的一大步。

1. 卧式汽缸
2. 活塞
3. 汽室
4. 曲柄
5. 飞轮
6. 离心调速器
7. 排汽管
8. 蒸汽入口
9. 偏心轮

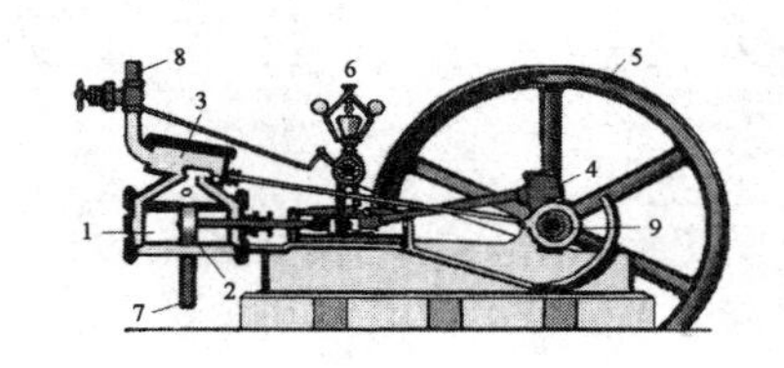

现在使用的蒸汽机结构和各部件的名称

在18世纪中叶，英国纺织工人发明的“珍妮纺织机”得到推广，迫切需要得到动力支持。瓦特蒸汽机的发明对纺织工业来说，犹如久旱遇甘霖，使纺织机的效率得到大幅度的提高。从1785年英国建起第一座蒸汽纺织厂开始，纺织工业的规模迅速扩张，英国的纺织业进入了一个新的发展时期。瓦特蒸汽机巨大的、似不知疲倦的威力使生产方式以过去所不能想象的规模走上了机械化道路。由此，起源于纺织机，发展动力来自蒸汽机的英国的第一次工业革命就此蓬勃地发展起来了，并迅速蔓延到整个欧洲，乃至全世界。

到了19世纪三四十年代，瓦特蒸汽机已在全世界广泛应用，成为真正的国际性发明。它有力地促进了欧洲18世纪的产业革命，宣告了“蒸汽时代”的到来，人类社会也由手工劳动进入机械化生产，有力地推动了第一次工业革命的进程。

由于瓦特在蒸汽机等许多方面的发明，使他在英国和欧洲大陆各国的学术界和科学界享有崇高的地位。1819年8月25日，在瓦特逝世的讣告中，对他发明的蒸汽机有这样的赞颂：“它武装了人类，使虚弱无力的双手变得力大无穷，它健全了人类的大脑以处理一切难题。它为机械动力在未来创造奇迹打下了坚实的基础，将有助于报偿后代的劳动。”

后人为了表彰他的功绩，把常用物理量功率的单位命名为“瓦特”。瓦特对人类科学技术发展做出的功绩也将永载史册。

15 大无畏的风筝实验

◇

当欧洲大地上充满蒸汽机欢快的轰鸣声时，人们对电学的研究还处于起步阶段。继16世纪后期吉尔伯特对电现象作出开创性研究之后，从17世纪中叶起，大约经历了一个世纪的时间，才陆续制成了能大量产生电荷的摩擦起电机（1650年），认识了导体和非导体（1729年），发明了能保存电荷的“莱顿瓶”（1745—1746年）等。在这些属于静电范畴的研究中，1752年富兰克林的风筝实验，成为最激动人心的一件大事。

富兰克林
B. Franklin
(1706—1790)

富兰克林是18世纪美国伟大的科学家，著名的政治家和文学家。他于1706年1月17日出生在北美波士顿的一个做蜡烛的手工工人家里，只读了两年小学，从10岁起就离开学校帮父亲做蜡烛，12岁进入印刷厂当学徒，并在此后的近10年时间内一直充当一个印刷工人。

富兰克林热爱读书。他利用印刷厂的有利条件，在空闲时间里如饥似渴地阅读各种书籍，从自然科学、工程技术的通俗读物到著名科学家的论文以及许多作家的名著，阅读的范围非常广泛。他常说："读书是我唯一的娱乐。我从不把时间浪费于酒店、赌博或任何一种恶劣的游戏……"他由于在青少年时代刻苦读书，积累了丰富的知识，为后来进行的科学研究和社会活动奠定了坚实的基础。

富兰克林对电学研究的兴趣是从听讲座、观看实验开始的。

1746 年，"莱顿瓶"刚发明不久，英国科学家斯宾塞到美国的波士顿举办电学讲座。此时，正当壮年的富兰克林怀着强烈的求知欲望专程去聆听了讲座，并对斯宾塞表演的各种电学实验充满着极大的兴趣。讲座结束时，斯宾塞将部分仪器送给了富兰克林。富兰克林回到费城后，又收到伦敦的一位物理学家考林森赠送的莱顿瓶，并且向他介绍了使用方法。此后，在 1746—1754 年的 8 年时间里，富兰克林怀着极大的热情和兴趣，利用莱顿瓶做了许多电学实验，他把大部分精力都集中于对电学的研究，取得了许多重要的成果。例如：

他提出了两种电荷和电荷守恒定律。富兰克林根据莱顿瓶实验中内外两种电荷的相消性，结合从数学中获得的灵感，提出了正电和负电的概念，为电现象的定量研究提供了一个基础。他认为"电不会因摩擦而创生"，两个物体在摩擦的过程中，电只是从一个物体转移到了另一个物体，一个物体失去的电跟另一个物体获得的电严格相同，即在一个绝缘体系中电的总量是不变的。这就是通常所说的电荷守恒原理。

他提出电的"单流体说"。当时科学界关于物体的导电，流传着所谓的"二流体说"，即认为物体中存在着两种电流体。富兰克林通过实验和思考后，认为在物体中只存在着一种电，起电的过程中，一定量的电流质由一个物体转移到另一个物体中，引起一个物体的电流质增加，另一个物体的电流质减少，从而使它们分别带上了不同的电。他用电的"单流体说"解释了当时人们知道的绝大部分静电现象。

富兰克林对电学研究中尤其有影响的是，利用从雷电中收集电荷给莱顿瓶充电，用实验证明了天电和地电的一致性。他做这个实验的起因，是受到一次偶然事件的启发。

1748 年，富兰克林在一次实验中为了加大电的容量，将自己制作的十几个莱顿瓶连起来使用。这时，他的夫人丽德不小心碰到了金属杆，刹那间，只听得“轰”的一声响，一团火光在眼前闪过，丽德夫人被击倒在地。富兰克林迅速扶起夫人后，刚才所目睹的惊心动魄的情景还一直闪现在脑海中。莱顿瓶放电所发出的巨大轰鸣声，那耀眼的电光，弯弯曲曲的放电路径，使他立即产生了一种联想：实验室里的放电跟天上的闪电是多么的相似。

从此以后，每当电闪雷鸣时，他都会走到室外细心观察，进行记录。在他的笔记中，记录了 12 条理由说明天上的闪电与实验室里的放电的一致性：发光、光的颜色、弯曲的方向、快速运动、能被金属传导、在爆发时发出的霹雳声和噪声、在水中或冰里存在、劈裂它所经过的物体、杀伤动物、熔化金属、使易燃物着火、含硫黄气味等。

为了验证自己的这个想法，他进一步设想：如果把一个风筝放到云层里，是否也可以进行类似的实验呢？于是，富兰克林以大无畏的精神在费城做了著名的“风筝实验”，他决心把天电捕捉下来。

他用丝绸做了一个大风筝，风筝顶上装有一根用来捕电的尖细的铁丝，并将麻绳与这根铁丝连起来，麻绳的另一端拴上一个铜钥匙，且将铜钥匙塞在莱顿瓶中间。在 1752 年 7 月的一个雷雨天，他和小儿子一起将风筝放到天空中。这时，一个闪电打来，富兰克林顿时感到一阵电麻，于是，他赶快用丝绸手帕把手里的麻绳包起来，继续捕捉天电。然后，他用保存在莱顿瓶中的天电，做了一系列的实验后发现，闪电和实验室里的电火花能产生相同的现象，它们的本质相同。

早期，人们对闪电普遍有一种恐惧感，在世界的各个民族中，都曾经怀着迷茫、敬畏的心理，编织过许多关于闪电的故事。富兰克林的“风筝实验”统一了“天电”和“地电”，使人们真正清楚地认识了闪电的本质，彻底破除了长期以来对雷电的迷信。因此，消息传开后，引起了全世界的轰动，受到人们的高度评价。

艺术化的富兰克林“风筝实验”示意图

德国著名哲学家康德把富兰克林称为“新普罗米修斯”。英国化学家普利斯特列认为，富兰克林的实验把雷电和普通的电统一起来，是自牛顿发现万有引力以来最伟大的发现。因为它为人们感觉最神秘、最可怕的自然现象提供了理性的解释，证明了电效应并不仅仅是一种人为现象，而且是自然界行之有常的运动的一部分。法国一位政治家曾经这样评论，“攫雷电于九天之上，夺强暴于权威之手”，非常精辟地概括了富兰克林在静电研究和美国政治活动两方面的成就。

避雷针

富兰克林也因这项成就荣获英国皇家学会颁发的科普利奖章。他的名字响彻全世界，人们为赞誉他为电学研究作出的贡献，尊称他为“电学之父”。

不过，富兰克林的“风筝实验”有很大的危险性，是绝对不能去模仿的！他在这次实验中没有发生事故，完全是一种侥幸。

1753 年 7 月，俄国科学院的利赫曼教授在类似的一次实验中，不幸被从金属棒跳到他头上的一团淡蓝色的火球击中，为人类的科学事业献出了宝贵的生命，成为这门新科学的第一位献身者。

富兰克林在风筝实验后不久，就首先提出了避雷针的设想，并于1760年在美国费城的一座大楼上竖起了第一根避雷针。避雷针的发明可以说是人类在电学研究方面为生产和生活服务的第一个实际应用，从而也促进了整个电学研究的发展。

我国古代早已在建筑中应用了有关避雷的装置。1668年在一位外国传教士的书中这样写道："……屋顶的四角都被雕饰成龙头的形状，仰着头，翘着角，张着嘴，吐着舌。这些怪物的舌头上有一根金属芯子，这芯子的末端一直通到地里。如果有雷打在房屋上，电就会顺着龙的舌头跑到地里，不会产生电击的危险。"

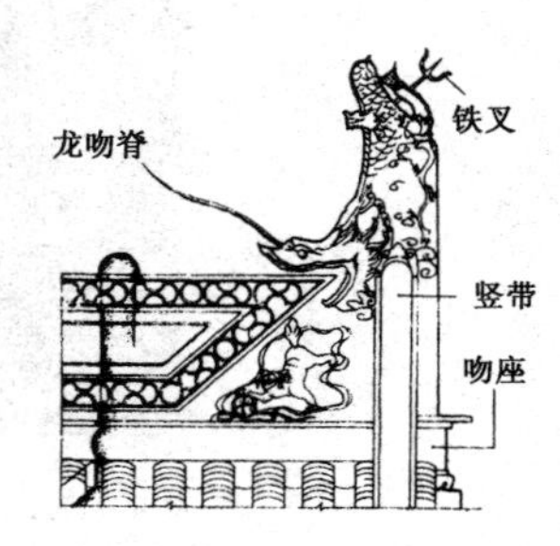

我国古建筑上的避雷设施

虽然从实用的意义上，我国古代工匠已在建筑中用了避雷装置，不过，我国工匠和富兰克林所不同的是，工匠们仅是凭着实践经验在干活，而富兰克林则是在实验研究的基础上，自觉地对一种科学技术进行应用和推广，所以，这份殊荣归于富兰克林是完全合理的。

16 折服了拿破仑的人

◇ ……………

富兰克林的风筝实验及其对电的研究，仍然限制在静电的范畴内。差不多又过了半个世纪，伏打电堆的发明，为人们找到了一个电源，才使电学的研究跨入到动电（电流）的研究领域。

说起来很有趣，促使电学上诞生这个重大发明的起因，却是生物学上的一次偶然发现。

1780 年 11 月的一天，意大利的解剖学和医学教授伽伐尼的夫人因身体虚弱，想吃蛙腿肉，伽伐尼亲自下厨动手做菜。他把剥了皮的青蛙放在靠近起电机旁的桌子上，然后离开了房间。这时，他的夫人进来，顺手拿了一把外科用的小刀，当她用刀尖无意中碰到了蛙腿外露的小腿神经时，蛙腿突然激烈地痉挛起来，仿佛青蛙又活了，伽伐尼的夫人吓了一跳。她把这件事告诉了丈夫。伽伐尼听了觉得很有趣，于是立即重复了他夫人刚才的动作，果然观察到了同样的现象。伽伐尼是一位知识渊博、态度严谨的科学家，他认为需要进一步探索产生这个现象的原因。

此后，伽伐尼经过了断断续续的多年实验，后来联想到电鳗的放电行为，他认为蛙腿的痉挛是由于动物体内存在着电的缘故。伽伐尼非常满意自己的这个结论，心中暗地寻思：摩擦发现了琥珀、丝绸上的电，富兰克林发现了空中的电，现在自己又发现了青蛙身上的电。因此，他十分高兴，并把这种电称为“动物电”。1792年，伽伐尼公布了他的研究成果，他在论文中写道：“在紧缩现象发生时，有一种很细的神经流体从神经流到肌肉中去了，就像莱顿瓶中的电流一样……”

伽伐尼的蛙腿实验在当时欧洲的学术界引起了很大的反响，尤其是他提出的“动物电”的观点，得到了很多人的赞同。不过，他的同乡伏打却并不认同。

伏打是意大利的自然哲学教授。1745 年 2 月 18 日生于意大利北部伦巴底的科摩。中学毕业后，进入了家乡的皇家大学攻读自然科学。从 1774 年起，他在大学里担任物理教授，同时从事着电学研究。

伏打
A. Volta
(1745—1827)

他对伽伐尼的蛙腿实验经过仔细的研究后发现了其中的奥秘，只有当用两种不同的金属去碰触蛙腿时，才会看到蛙腿的痉挛现象，因此对伽伐尼“动物电”的说法产生了怀疑。

伏打曾把一根由两种金属组成的弯杆，一端放在嘴里，另一端跟眼睛的上方接触，他发现在接触的瞬间有光亮的感觉。他还把一枚金币和一枚银币放在舌头上，当用导线把它们连接起来时，就会感到有一种酸苦味。他认为，实验中的“光亮”和“酸苦味”，都是电刺激了神经而产生的反应。这个实验中没有蛙腿，也没有动物的肌肉，这里电的来源只能是两种不同金属的接触。

伏打认为，每一种金属都含有电液，通常情况下金属内部的电液处于平衡状态，并不显示自己的存在。当两种不同的金属连接起来时，金属内部原来的电平衡被破坏了，电液开始运动，于是，就会有一定数量的电液从一种金属流向另一种金属，最后又达到新的平衡。因此，在伽伐尼实验中，蛙腿的神经由于受到外来的电的刺激，故产生痉挛。也就是说，青蛙的神经反应只是被动的，它只是像一台“仪器”那样记录了电荷的通过，不存在任何特殊的“动物电”。伏打公开地反对伽伐尼的观点，主张用“金属电”或“接触电”替代“动物电”这个名称。

伏打为了验证自己的观点，从 1793 年起，用了长达 7 年的时间专门研究不同金属的“接触电”现象，终于取得了很大的收获。他通过将各种金属搭配成一对一对，做了许多实验后，提出了一个著名的金属序列（后来被称为伏打序列），其中一部分是锌、铅、锡、铁、铜、银、金等。只要按这个顺序使任意两种金属接触，排在前面的那种金属将带正电，排在后面的金属则带负电。从现在的观点来看，也就是这两种金属之间存在着电压。这就是伏打最先发现的“接触电位差”的现象。他还发现，如果将几种不同的金属串联起来，那么总的电压只跟首、尾两端的金属性质有关，跟中间的金属种类无关。

由于在这些年的实验中获得了许多新知识，伏打产生了制造电源的想法。开始时，他用几只碗盛了一些食盐水，把几对黄铜与锌做成的电极连接起来，就产生了电流。他把这种装置称为“杯冕”，这可以称为是世界上第一个电池。后来，他用两种金属片（如铜和锡，或银和锌）与浸透食盐水或碱水的纸或皮革接触，再把这两种金属连接起来，可以达到更好的效果。

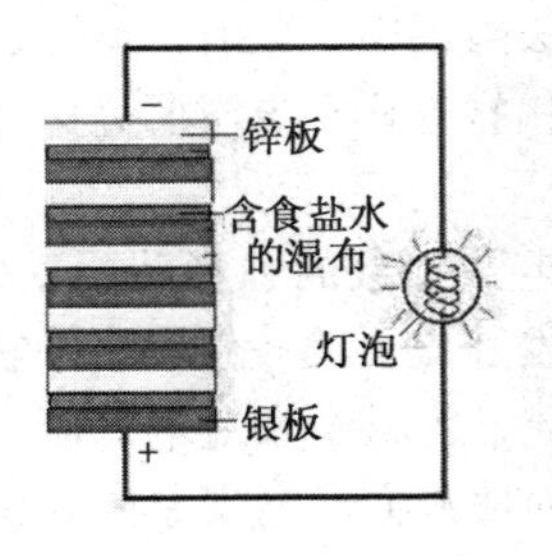

伏打电堆

他还发现，当把许多这样的装置（伽伐尼电池）一个接一个叠置后连接起来，就可以得到很强的持续电流。1800 年 3 月，伏打写信给英国皇家学会，宣布了自己的这一成果。这种叠起来的装置就被人们称为“伏打电堆”。

伏打制成的这种电堆，引起了人们极大的兴趣。1800 年 6 月 26 日，他应邀到伦敦在英国皇家学会的一次会议上作表演。他用 17 枚银币、17 枚锌币和用食盐水浸透的马粪纸叠置起来做成电池，当把从银币和锌币引出的两根导线的端点靠近时，立即发出了噼噼啪啪的响声，还迸发出了火花。它产生的电击虽然在爆炸声、火花的强弱和放电的距离等方面也许比莱顿瓶要略逊一筹，但它的优点却是莱顿瓶无法比拟的。它不需要依靠外界的电来预先充电，只要我们一碰它，它就能产生电击……伏打提议把自己发明的电堆称为"伽伐尼电池"，以此来表达自己的感激之情。伏打说："没有他的启发，我是不会获得今天的成就的，我永远感激他，我们永远不可忘记他。"充分体现了一位科学家谦虚大度的高尚品德。

伏打神奇的实验结果使在场的人们欢声雷动，科学家们亲眼看到了电的产生，纷纷赞不绝口，从此他便名扬四海。

1801 年 11 月，伏打到巴黎进行学术访问和表演。他用"电堆"做了水的分解以及将金属从溶液中重新析出等实验。法国皇帝拿破仑召见了他，并邀请他在科学会议上表演他的实验。据说，拿破仑在见到伏打时还突然向他行了一个军礼，使伏打感到手足无措。拿破仑称赞他为科学事业作出了伟大的贡献，认为化学电源"也许是通向伟大发现的道路"，并颁给他一枚特制的金质奖章，支付很高的年薪，请伏打留在法国工作。拿破仑还提议设立"伽伐尼电"奖金，每年颁给一位像伏打这样在电学研究中作出重大贡献的科学家。

虽然当时伏打对"接触电"现象的解释并不正确，但是，"伏打电堆"的发明，却是电学发展史上的一件大事。它使人们第一次有可能获得稳定而持续的电流，为科学家对电的研究从静电领域跃入动电领域创造了条件，从而使人们对电现象的认识进入了一个完全预想不到的神奇的境地，并催生了一系列的发现和发明。后来，人们为了纪念伏打，便以他的名字"伏"作为电压的单位。

伏打在表演他发明的“电堆”

至于当年这一场“接触电”与“动物电”之争，直到伏打逝世10多年后，由法拉第的实验使人们认识到了伏打电源的化学作用后，才落下帷幕。不过，现在人们重新认识到了，所有动物（包括人体）的每一项生命活动确实都伴随着生物电现象。医学中还常利用人的脑电图、心电图等帮助医生对病情作出更正确的判断。

科学真理就是这样从假设、证伪、真相……的不断循环中逐渐发展起来的！

17 把电和磁联系起来

◇ ……………………

“伏打电堆”的发明，为科学家解决了获得比较稳定而持续电流的问题，从此以后，对电的研究迅速地跃入到动电领域。奥斯特对电流磁效应的发现，就是由“伏打电堆”结出的一颗硕果。

说起磁现象，东西方的文明古国早在公元前就对它有了认识。指南针一直是中华文明引以为傲的一项发明。

司南是用来判定方向的仪器。它由两部分组成，放在上面的叫“杓”，是用天然磁石做成像汤匙的样子，放在很光滑的底盘中央，四周刻有二十四个方位；它的长柄叫做“柢”，会指向南方。汉时王充在他的著作《论衡》中作了比较具体的记载。“司南之杓，投之于地，其柢指南”。

我国古代的一项伟大发明——司南

不过，对物体磁性比较系统的研究，是从16世纪70年代开始的。英国的御医吉尔伯特从40岁起花了18年的时间，做了许多有关磁现象的实验，其中最有名的是“小地球”实验。他用一块大的天然磁石磨制成一个大磁石球，用小铁丝制成小磁针放在磁石球上面，结果发现，这些小磁针的行为与指南针放在地球上的行为完全一样。根据这个实验，他设想地球就是一个巨大的磁石，许多磁现象都跟这个大磁石有关。他在1600年出版的巨著《论磁》，是英国的第一部物理科学著作。在书中他首次引进了许多术语，阐述了磁化现象，提出了磁体相互作用的一个普遍原理，就是现在我们所说的“同名磁极相斥，异名磁极相吸”。

可以这么说，对于电和磁进行系统的实验和理论方面的研究都是从吉尔伯特开始的。

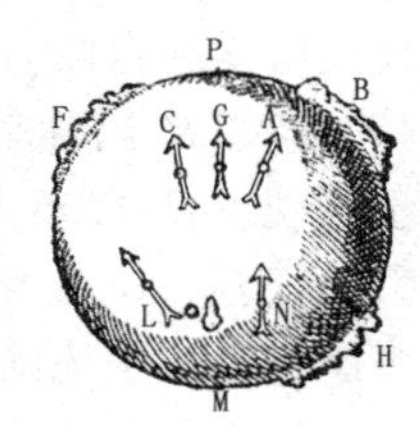

吉尔伯特的“小地球”实验

不过，由于时代的局限性，吉尔伯特的研究只能是在静电和静磁的范围内。并且他认为，电现象和磁现象是两种截然不相同的自然现象，不能把它们混为一谈。吉尔伯特是当时的科学泰斗，他的话真可谓“一言九鼎”，影响极大。他对电磁现象形成认识上的这个误区，后来又得到了法国物理学家库仑的认同。早期电磁学领域中这两位杰出的先驱者的观点，深深地影响着后来科学家的思想。此后，在很长一段时间内，人们都将电和磁作为孤立的问题加以研究。

电与磁之间究竟有没有联系呢？从18世纪中叶起，人们陆续地发现了一些奇怪的现象。例如：有人发现，雷电过后，新刀叉居然带上了磁性；原来散落在地上的铁钉、薄铁皮都被粘到铁墩上去了；莱顿瓶放电后，缝衣针被磁化了。

这些现象吸引了一些科学家对电磁联系的关注，猜测着电与磁之间可能存在某种联系。因此，在1774年，德国的巴伐尼亚电学研究院提出了一个有奖征文题目：电力和磁力是否存在着实际的和物理上的相似性？

遗憾的是，对权威的尊敬和迷信，束缚了不少很有才华的科学家的思想。例如，直到1820年以前，法国的安培、毕奥和英国的托马斯·杨等著名物理学家还都认为电与磁之间不存在任何直接的联系。因此，当时这些新奇的发现并没有催生出有意义的科学成果。

事实表明，从事科学研究必须破除迷信，勇于创新，而且还需要有正确的思想指导。奥斯特首先从迷茫的困境中脱颖而出。

奥斯特
H. C. Oersted
(1777—1851)

奥斯特是丹麦的物理学家和化学家。1777年8月14日生于丹麦鲁克宾的一个药剂师的家庭里。他很早就对物理和化学产生了兴趣。1794年，17岁的奥斯特考取了哥本哈根大学的免费生，攻读医学和自然科学，课余时间还当起了家庭教师。1797年以优等生毕业，并于1799年取得博士学位。从1806年起，奥斯特受聘于哥本哈根大学任教，1817年，被任命为正式教授。

奥斯特吸取了德国哲学家康德的思想，一直信奉着自然力是统一的、可以相互转化的观点。他坚信电、磁、光、热和机械运动之间应该存在着内在的联系，关键在于找出转化的具体条件。

起初，奥斯特也希望像富兰克林那样，用莱顿瓶的静电放电作用使磁针运动，从而确定电与磁的关系，但他做了许多次实验都失败了。后来，他想到了用伏打电堆提供的电流做实验。早在1812年，他就已经形成了一个思想：电流通过直径较小的导线会发热，并推测如果导线的直径进一步缩小，导线应该会发光；如果导线的直径缩小到一定程度时，就可能会出现磁效应。由此，他推测电流的磁效应也应该像电流通过导线时发热、发光那样，是以导线为中心向四周辐射的。因此，他当时总是沿着这个思路去做实验，把磁针垂直导线上下左右放置，做了许多次都失败了。

1819年冬到1820年春，奥斯特在哥本哈根开办了一系列讲座，专门为具备相当物理知识的学者讲授电、电流以及磁方面的知识。在1820年4月的某一天晚上，讲课将要结束的时候，他突然想到，如果把小磁针平行于导线放置，情况会怎样呢？于是，他把原来沿东西方向放置的细铂丝转动90°，使它与小磁针一样沿着南北方向放置。当他接通伽伐尼电池时，发现小磁针抖动了一下。虽然这个抖动是那么的微弱，在场的听众丝毫没有觉察到，但奥斯特内心的震动却犹如汹涌的波涛，激动万分。真是“踏破铁鞋无觅处，得来全不费工夫”，他终于看到了多年来梦寐以求的现象。

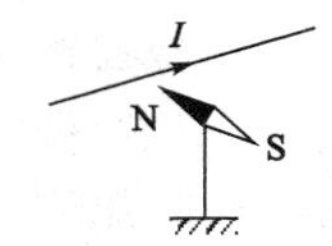

磁针垂直导线放置时不发生偏转

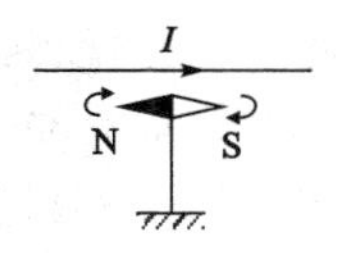

磁针平行导线放置时会发生偏转
（电流反向，磁针偏转方向相反）

为了进一步弄清楚电流对磁针的作用，在 1820 年 4 月到 7 月间，奥斯特花了 3 个月的时间，做了 60 多次实验。他把磁针放在导线的上方和下方，观察电流对磁针作用的方向；他把磁针放在离开导线不同距离的地方，观察电流对磁针作用的强弱；他还把玻璃、金属、木头、石块、水、树脂、陶器等放在导线和小磁针中间，观察它们是否影响电流对磁针的作用等。

奥斯特在做电流磁效应的实验

1820 年 7 月 21 日，称得上是一个划时代的日子，奥斯特在法国的《化学与物理学年鉴》上发表了一篇题为《关于磁体周围电冲突的实验》的论文，正式向科学界公布了他的发现。奥斯特这篇薄薄的仅几页纸的论文，轰动了整个欧洲。

对于现在的中学生来说，奥斯特实验确实非常简单，也许有人会对此不以为然，甚至觉得奥斯特有点“笨”，或者觉得奥斯特的发现仅是偶然的巧合，等等。形成这种错觉的原因，主要是这些学生不了解当时的社会背景和科学水平。

实际上，由于人们受当时科学观念的束缚，普遍认为电与磁是完全独立的两件事。如果有人能够对电与磁的联系进行联想，并勇于进行探索，本身就是一件很了不起的大胆的事。而且，当时对电的认识刚起步，进行实验研究的条件很差，基本上停留在对静电的研究范畴。在伏打电堆发明之前，奥斯特只能用莱顿瓶做实验，它产生的“电力”虽然比伏打电堆大得多（现在我们知道，莱顿瓶两极间电压可高达几万伏），但是，莱顿瓶上带的是静电，两极接通后只能产生不稳定的瞬间电流，实验的效果很不理想。可以这么说，如果没有伏打电堆的发明，根本就不可能有奥斯特的实验结果。

奥斯特的发现绝不是一次简单的巧合，而是他长期思考和努力实践的必然结果，也是科学发展到一定时期的历史产物。近代微生物学的奠基人、法国生物学家巴特德说过：“在观察的领域里，机遇只偏爱那些有准备的头脑。”法国数学家、物理学家拉格郎日说：“这样的偶然性仅仅被那些理应得到它们的人所碰上。”这些话用在奥斯特的发现上，真是最为贴切，也是极为公正的。

奥斯特的实验有着非常重大的意义。它揭示了长期以来被认为性质不同的电现象与磁现象之间的联系，分离了千年之久的电和磁，仿佛被小磁针紧紧地拥抱在一起了。从此，电磁学进入了一个崭新的发展时期，并为物理学的另一个新的重大综合的实现，开辟了一条广阔的探索道路。

法拉第对这一发现作出了高度的评价：“它猛然打开了一个科学领域的大门，那里过去是一片漆黑，如今充满光明。”

人们为了纪念奥斯特在科学上的功绩，从 1934 年起，用奥斯特的名字命名了磁场强度的单位。美国物理学会从 1937 年起，颁发以奥斯特的名字命名的奖章，用以奖励卓越的物理学教师。

18　统帅了电压、电流、电阻

◇ ……………

当奥斯特在1820年发现了电与磁的联系时，德国物理学家欧姆也开始了对电磁学的研究。他思考的是另一个方向：希望找出电流的大小与其产生原因（电压）和导体本身特性（电阻）之间的关系。

欧姆
G. S. Ohm
(1787—1854)

欧姆是德国物理学家。1787年5月16日生于德国巴伐尼亚州的埃尔兰根。他的父亲是一个技术熟练的工匠，爱好数学，欧姆从小就在父亲的教育下学习数学并受到有关机械技能的训练。1805年，欧姆进入爱尔兰大学学习，由于家庭经济困难，他只上了三学期的课就退学去当了家庭教师。后来他通过自学，于1811年重新回到爱尔兰大学，并顺利地取得博士学位。大学毕业后，欧姆一直在中学任教，从1820年起悉心研究电磁学。

在欧姆之前，“动电”的研究还是一片空白，称得上是一块尚未开垦的处女地。欧姆决心通过实验探究电流的规律，但在他面前有着重重障碍。归纳起来，主要有三大困难：

第一个困难是怎样测量电流。开始时，欧姆曾想利用电流的热效应，也就是用通电导体产生热胀冷缩这一事实来测量电流。不过，这个办法难以得到精确的结果，在实际中行不通。

后来，他受到德国科学家施威格利用电流的磁效应发明了检流计（检测电流的仪器）的启发，把它跟库仑扭秤方法巧妙地结合起来，创造性地设计了一个电流扭力秤，解决了电流测量的这个难题。

玻璃罩 DD′ 内就是电流扭力秤。它用一根金属丝系在小磁针的中点将它悬挂起来，使它平行地置于通电导线的上方（图中通电导线未画出）。导线中通电后产生的磁场会使磁针偏转，并将金属丝扭转。通过放大镜 S 读出扭转角度的大小，就可以相应地比较电流的大小。

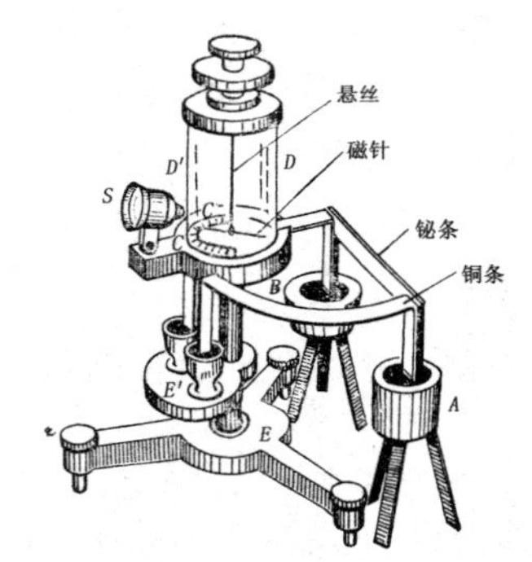

欧姆实验的装置

第二个困难是如何比较导体本身的不同特性。当时，还没有形成电阻的概念，有些科学家也才刚开始研究金属的导电率问题。欧姆设计了一种比较不同金属相对导电率的方法——将不同金属制成直径相同的导线，依次将它们插入水银中，调节导线的长度，使电流扭力秤的指针转过相同的角度，从而确定各种金属导电率的相对比值的大小。

第三个困难是需要有一种稳定的电源。开始时，欧姆都用伏打电池作电源进行实验。由于当时技术条件的限制，伏打电池的电极容易“极化”，输出电压很不稳定，这样就给欧姆的实验带来很大的麻烦。后来，他接受一位朋友的建议，采用温差电偶作电源，才获得了稳定的电压。

所谓温差电偶，就是根据德国的医生塞贝克在 1821 年发现的温差电现象制成的电源——用两种不同金属组成的回路，只要两端维持恒定的温度，就能够获得稳定的电源电压。

欧姆设计的温差电偶的结构大体如图所示。aba′b′是用金属铋制成的 U 形框架，它的两条短边 ab 与 a′b′分别铆接在铜片 cd 和 c′d′上。然后，把 a′c′端放进盛有沸水的容器 A 中作为热端，把 ac 端放在盛有冰水混合物的容器 B 中，作为冷端。这样，就可以使热端和冷端间保持着 100 ℃的温度差。铜片的两个自由端分别放进盛有水银的槽 m 和 m′中，这两个水银槽就是温差电池的两个电极，外电路就接在这两个水银槽内。

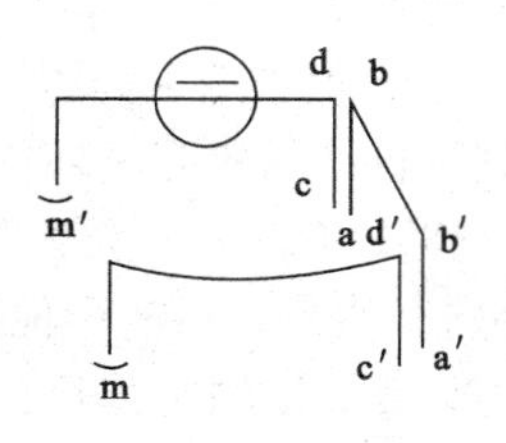

欧姆设计的温差电池

欧姆凭借灵巧的双手和创造性的思考，解决了电流的测量，获得了稳定的电源，摸索出了比较电阻大小的方法后，1826 年就着手进行对电流规律的研究。

他选取了 8 根截面积相同、长度不同的铜导线，分别把它们接到上图装置的两个水银槽 m 和 m′中作为外电路进行实验，观察并记录电流扭力秤指针偏角的大小。后来，他又对电流的规律进行了理论上的论证。

欧姆通过不懈的努力，从实验和理论两方面确定了导体中电流与其两端电压及导体电阻的关系。用现在大家熟知的形式可以表示为：

$$I = \frac{U}{R} \quad \text{或者} \quad U = IR$$

遗憾的是，欧姆的研究成果当时不仅没有引起学术界的重视，相反却遭到恶意打击。一些大学的教授们自己没有去做实验，却看不起这位名不见经传的中学老师，在文章中公开诋毁欧姆的著作。欧姆面对这些攻击十分伤心。不过，也有不少人慧眼识珠，为欧姆受到的不公正待遇愤愤不平。发表欧姆论文的德国《化学和物理杂志》的主编施威格（即检流计的发明者）写信给欧姆说："请您相信，在乌云和尘埃后面的真理之光最终会透射出来，并含笑驱散它们。"

可喜的是，施威格的安慰与鼓励没有让欧姆的希望落空，这颗闪亮的明珠在被掩埋了 10 多年后，来自异国的一股"风暴"最先驱散了笼罩着欧姆的"乌云和尘埃"。1841 年，欧姆的成果首先被英国皇家学会认可，并授予英国皇家学会科普利奖章，这是当时科学界的最高荣誉。自此，欧姆的工作才得到科学界的普遍承认。1845 年，他被选为德国巴伐尼亚科学院院士。欧姆在有生之年终于看到了自己的研究成果，可以宽慰一下自己曾经饱受创伤的心灵。

1881 年，第一届国际电气工程师巴黎会议将电阻的单位用“欧姆”表示，以表彰他的功绩。

如今，欧姆定律已经成为现代电学和电工学最基本的规律之一。欧姆在电学领域内所做的开创性的工作，将永远被人们所铭记。

19 对称性思考的胜利典范

◇ ……………

奥斯特的实验证实了电流的磁效应，也就是说电流能产生磁。那么，能不能利用磁产生电呢？当时许多著名的科学家如安培、菲涅耳、阿拉果、沃拉斯顿、德拉里夫等都从对称性的思考上很快想到了奥斯特实验的逆效应，并开始进行种种探索。可是，他们都失败了，最终摘取这颗光彩熠熠明珠的是法拉第。

法拉第
M. Faraday
(1791—1867)

法拉第是英国伟大的物理学家和化学家，1791 年 9 月 22 日出生于伦敦城南萨里郡纽英顿的一个铁匠家里。由于家境贫困，他几乎没有受过正规的学校教育，12 岁时，去了一个书店当学徒。他非常热爱知识，并且喜欢进行实验。在当学徒时期，常利用业余时间读书，还省下菲薄的工资去购买实验器材，然后按照书上的实验自己一个个地做。

当时，英国的科学家常常对公众举办讲座，年轻的法拉第很喜欢去听讲。一次，他听了皇家学院著名化学家戴维的四次演讲后，经过精心整理，还在一些地方作了补充，然后制订成册，并在封面上烫上《亨·戴维爵士讲演录》几个金字，寄给戴维。出于对科学事业的热爱，法拉第还同时附上一封言辞十分恳切的信，请求戴维帮助他到皇家学院工作。戴维收到书之后非常惊讶，自己的四次演讲总共不过四个多小时，法拉第整理出来的书竟有380多页。讲到的内容都记录了，没有讲到的地方都作了补充，还画了非常精美的插图，这中间凝聚着整理者多少敬仰和心血啊！戴维终于被感动了，于是他给法拉第写了一封回信：

先生：

承蒙寄来大作，读后不胜愉快。它展示了你巨大的热情、记忆力和专心致志的精神。最近我不得不离开伦敦，到1月底才能回来。到时我将在你方便的时候见你。

我很乐意为你效劳。我希望这是我力所能及的事。

亨·戴维

1812年12月24日

后来，戴维向皇家学院作了推荐。戴维一生中虽有过许多重大的发现，但他后来说："我一生中最伟大的发现，是法拉第。"

从1813年3月1日起，法拉第就进了皇家学院的实验室。开始时，他做着洗瓶子、擦地板、打扫实验室等杂活，后来，他很快就掌握了实验技术，成了戴维的助手。

英国的皇家学院是当时科学研究的中心，法拉第如鱼得水，不久就显示出他惊人的才干。从1815年起，法拉第开始独立地进行科学研究，从1816年发表第一篇论文起，在接下来短短的三年时间里，硕果累累，连续发表了17篇涉及面很广的论文。1821年，法拉第任皇家学院实验室总监和代理主任，并开始从事有关电和磁的研究。

法拉第对科学上的新事物非常敏感，当他听说了奥斯特实验后，立即形成了一个大胆的设想。他在1822年的日记里写道："由磁产生电。"希望真正实现电与磁的转换。

在法拉第的时代，人们熟悉的是静态的感应现象。例如，静电感应、磁感应。奥斯特实验的成功，也被认为是一种感应——稳定的电流感应出磁，使小磁针转动。在这样的思维定式下，许多科学家都寄希望于依靠强磁铁或强电流，使放在旁边的线圈中感应出电流来。

起初，法拉第也是沿着这条思路，一次次地用不同的方法做实验，可是全都失败了。但是，实验的失败并没有动摇法拉第继续探索的信念，他顽强地向着自己认定的目标继续努力尝试。据说，有一阵子，法拉第经常在口袋里装上一条细铁棒和一圈电线，有空的时候就拿出来不停地摆弄，思考着怎样感应出电流来。

俗话说“天道酬勤”，法拉第的努力没有白费，他终于迎来了希望的曙光。1831 年 8 月 29 日，法拉第和他的助手在一个 7/8 英寸（1 英寸 =25.4 毫米）厚，外径约 6 英寸的软铁圆环上绕了两个彼此绝缘的线圈 A 和 B。线圈 B 的两端用导线和电流计连接成闭合回路（图中电流计未画），在导线下与导线平行放置一个小磁针，线圈 A 通过开关和一个有 120 个电池串在一起的电池组相连。法拉第小心翼翼地合上开关，强大的电流通过 A 线圈，线圈很快发热，可是放在旁边的 B 线圈回路中的电流计指针仍然纹丝不动。

法拉第心情沉重地打开了开关，这时，他忽然想到，每次合上开关才去看电流计，会不会是电流计放得太远了？于是，他抱着试一试的心理把电流计放在眼前，就在法拉第合上开关的一瞬间，电流计的指针和小磁针都抖动了一下。法拉第苦苦盼望了 10 年的现象终于出现了。

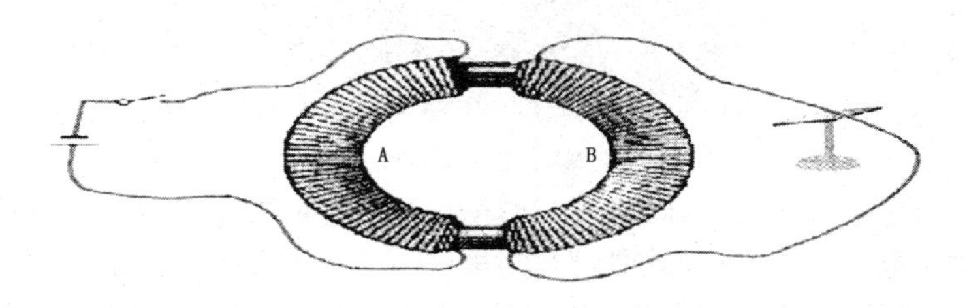

法拉第实验的示意图

当时法拉第的心情无比激动，却又十分迷茫。他不明白为什么只有通电和断电的瞬间，才会感应出电流？而且，他觉得这个实验好像是电流感应电流，并不是他预期的“磁生电”的现象。1831

年 9 月 23 日，他在给老朋友菲利浦斯的信中说："我正在进行电磁学的研究。我想，我可能捞到了一样好东西，可是我没有把握，或许我花费了那么多的劳动，捞到的不是一条鱼，而是一团水草。"

于是，法拉第凭借自己灵巧的双手和丰富的经验，改进仪器，变换条件，继续朝着自己预定的目标——"磁生电"坚持不懈地探索下去。

1831 年 10 月 17 日，他在一个纸做的空心圆筒上，用 220 英尺铜线绕了 8 个线圈，再将这 8 个线圈并联或串联起来，或单独与电流计连接，然后将一个条形磁棒以不同速度插进或拔出空心圆筒，他观察到电流计的指针会发生偏转，而且偏转的方向不同。至此，他真正完成了"磁生电"的对称性设想。

1831 年 10 月 28 日，他将一个铜圆盘放在永久磁铁的两极之间，再从盘的轴心和边上引出两根导线，圆盘转动时，导线中就有了持续的电流。这称得上是世界上第一台"发电机"。

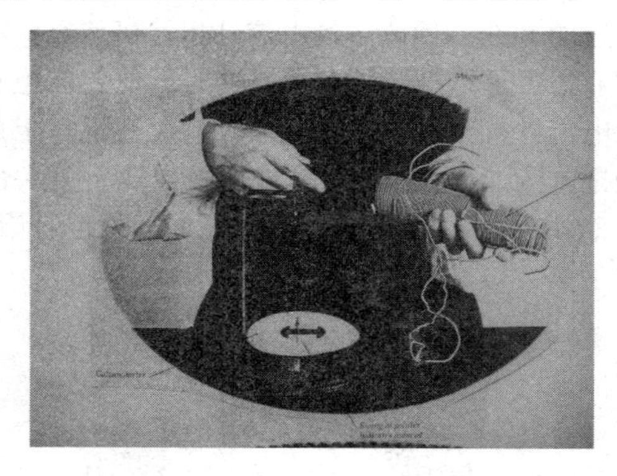

法拉第用条形磁棒和线圈进行实验

通过这一系列的实验和反复的思考，法拉第终于领悟到：原来磁生电是一种瞬间效应，磁体对电流的感应作用是一个动态过程。

1831 年 11 月 24 日，法拉第向英国皇家学会报告了整个实验情况，并概括出产生感应电流的五种情况：变化的电流，变化的磁场，运动的稳定电流，运动的磁铁，在磁场中运动的导体。他还正确地指出，感应电流与原电流的变化有关，而不是跟原电流本身有关。法拉第将这种现象与导体的静电感应作了类比，并把它正式命名为“电磁感应”。

据说，法拉第在表演他的发电机时，一位贵妇人冷冷地说：“先生，你发明这玩意儿，又有什么用呢?”法拉第机智地回答：“夫人，新生的婴儿又有什么用呢?”

法拉第设计的世界上第一台发电机

也许有人会说，现在初中学生都会做的实验，为什么像法拉第这样的大科学家竟然花了10年的时间才摸索成功呢？确实，这是一个很耐人寻味的问题。从历史的真实来看，是有着多方面的原因的。

第一，当时的研究条件非常艰苦。开展电学研究必须要有电源，那时，伏打电堆刚于1800年研制成功，对动电的研究可以说才起步不久，许多概念的解释都是十分模糊和混乱的。不仅普通人要进行电学研究简直是一种奢望，就是在皇家学院从事电学的实验工作也是很困难的。市面上没有专门的电学仪器商店，许多最普通的电学仪器都得法拉第亲手设计和研制，甚至连绝缘导线也没有，只能用旧布条缠绕使导线之间相互绝缘。因此，如果没有良好的实验技能和坚忍不拔的毅力，是很难完成实验的。

第二，法拉第同时肩负着其他研究重任。在1821年到1831年的10年内，法拉第当时主要从事着化学的研究工作。例如，冶炼不锈钢、改良光学玻璃、研究气体的液化等，各种科研任务非常繁重。他从1825年起担任实验室主任后，还常常要为筹措皇家学会的科研经费而承接其他研究项目，有很长一段时间还不得不悄然中断了对电磁感应的研究。因此，并不是说在10年中他一直不停地在研究着电磁感应现象。

法拉第用旧布条缠绕的线圈

第三，由于思维定式的影响。当时科学界普遍流行的静态的感应作用禁锢着许多优秀科学家的思想，常常会使他们错失眼前宝贵的机遇。例如：

法国物理学家安培在 1822 年曾经做了不少实验，探索磁生电的奥秘。其中的一个实验装置如下图所示。他将一个多匝线圈 A 固定在绝缘支架上，将另一个单匝线圈 B 用细线悬挂起来，然后在 A 线圈里通以强电流，用另一个强磁铁接近线圈 B，希望在线圈 B 中感应出电流。实验中，当给线圈 A 通电的瞬间，线圈 B 似乎动了一下。由于安培缺乏思想准备，包含一个伟大真理的这一瞬间便从他眼皮底下悄悄地溜走了。

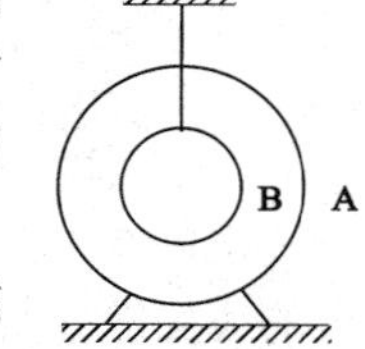

安培实验示意图

美国物理学家亨利，在 1830 年的暑假里做电磁铁的实验时意外地发现，当通电导线中的电流突然切断时，电流计的指针会发生偏转；当电流稳定时，电流计的指针不偏转。亨利对这一现象感到很奇怪，可惜由于学校开学、实验条件的限制和思想认识上的不足，他也没有继续研究下去。

第四，缺乏合作研究。当时许多人的研究，都是一个人独立进行的。1823 年，瑞士物理学家科拉顿将一个线圈跟电流计相连，他为了避免磁铁的影响，把电流计用长导线连着，放在另一个房间里。当他把磁铁插入线圈里后，立即跑到另一个房间去观察。在静态感应思想的指导下，科拉顿独自一人，也就失去了发现的机会。后来，有一位科学家很有感慨地说过这样一句幽默的话：“可怜的科拉顿，在跑来跑去中失去了良机。”

所以，法拉第对电磁感应现象的发现并不容易，他走的完全是一条前人从来没有走过的路，他做的是一项全新的开创性的工作。

电磁感应现象的发现，对人类社会有着划时代的意义。它仿佛给人们找到了一把打开电能宝库的金钥匙，实现了机械能与电能的转换，并催生了后来发电机、电动机、变压器等一系列的发明，使人类世界真正步入了电的时代。

20 画家的科学发明

◇ ……………………

奥斯特发现电流的磁效应，不仅从对称性思考上催生出法拉第发现的电磁感应现象，还从磁效应的实际应用——电磁铁，促使莫尔斯发明了电报机，使人类进入了“用电传递信息”的新时代。

我们都知道，信息对于人们的生产生活活动、科学技术交流有着重要意义，尤其是在战争中，一条情报的及时传递有时能抵得上几万大军。可是，屈指数来，从古代直到第一次工业革命的几千年中，从早期边关告急的狼烟报警、驿站用快马接力传送“800 里加急文书”，到 17 世纪中期英国在海上推广“旗语”，通信技术几乎停滞不前。

古人传递信息的狼烟烽火

1831 年法拉第发现电磁感应现象后，两位德国科学家高斯和韦伯曾经从事过利用电流来报告消息的研究（电报），还在自己的实验室里架设了电线，并商定了一种用来传递消息的密码。遗憾的是，这两位大科学家也许是缺乏商业头脑，仅凭借着兴趣在“象牙塔”里研究一下，并没有很敏锐地看出它的应用价值，所以没有继续探索下去，也没有产生什么社会影响。

让人感到意外的是，真正利用电流开创远距离传递信息时代的拓荒者，不是物理学家或工程技术人员，而是仿佛跟物理学“不搭界”的一位画家——莫尔斯。

莫尔斯
S. F. B. Morse
(1791—1872)

莫尔斯是一位美国画家，1791 年 4 月 27 日生于马萨诸塞州查尔斯顿（现在是波士顿的一部分）。1810 年，他从耶鲁大学毕业后去英国深造，经过两年的学习，回国后一直活跃在艺术家的圈子里。可敬的是，莫尔斯很有发明意识。

1832 年 10 月的一天，他乘坐一艘名叫“萨丽”号的邮轮从法国到美国。在漫长的海上旅途中，同船的美国物理学家杰克逊做了许多电学实验，这些实验使他产生了浓厚的兴趣。其中有一个电磁铁的实验——利用电流的通、断可以使电磁铁灵活地吸引和释放铁片，深深地吸引了莫尔斯，画家的灵感点燃了他心中的发明之火：如果用它使磁针做出不同的动作，并把动作编成符号，岂不是就可以实现“用电传递信息”了吗？

莫尔斯回到美国后，毅然放弃了他的艺术生涯，冒着失败的巨大风险，改行研究电报。他开始自学电磁学的知识和机械制造技术，并去向大科学家亨利请教。亨利非常热情地给予他帮助，回答了他提出的许多疑难问题。于是，莫尔斯信心十足地开始了研究。可是一天天过去了，电报机还是连个影子都没有见到。

可贵的是，莫尔斯有着坚定的意志和坚忍不拔的毅力，他不改初衷，依然继续进行研究。经过了许多次地试验、失败、再试验……终于在 1835 年底造出了第一台电报模型机。可是由于电阻的影响，这台电报机的通信距离只有 2 ~ 3 米。后来，他继续摸索，不断地努力改进。1837 年 9 月，已经 46 岁的莫尔斯成功地造出了一台能在 500 米范围内有效工作的电报机。

莫尔斯的电报机由发报和收报两部分组成。它的发报装置就是一个电键，收报机主要是一个电磁铁，它可以记录符号。

莫尔斯的电报机

莫尔斯在研究电报机的同时，不断思考着用电报机传递信息的方法。一次，他从通电导线突然断开时会迸出火花这一事实得到启发，他设想是否可以把电流截止时发出火花作为一种信号，电流接通而没有火花作为另一种信号，延长电流接通时间又可以作为一种信号。后来，经过几年的摸索，他在1837年创造出一种电码——利用电路中电流的通、断两种状态和通电时间的长短作为三种信号，分别表示点、空、划三种符号，再采用这些符号组合的方法来表示语言文字和数字，从而达到传递信息的目的。这种用点、划表示的符号，后来被称为莫尔斯电码，一直沿用到现在。

莫尔斯为了研究电报，投入了大量的时间、精力和资金，历时数年，几乎达到了倾家荡产的地步。他在给朋友的一封信中说："我被生活压得喘不过气了！我的长袜一双双都破烂不堪，帽子也陈旧过时了。"有一个时期，他只能重操旧业和依靠朋友的帮助，才得以解决温饱问题。

当研究工作有所进展的时候，他曾抱着电报机试图劝说一些企业家投资，可是得到的只是讽刺和嘲笑。有人说："先生，你在开玩笑吧？居然想叫我把钱投资到这样一个玩具上！"还有人说："哈哈！用导线传递消息？你为什么不发明一枚能够飞向月球的火箭呢？"

莫尔斯在研究电报机的这些年中，无论是生活环境的艰苦或遭到别人的挖苦打击，他都矢志不移，在艰苦的岁月中、在崎岖不平的发明之路上，一步步地攀登。1840年，他终于取得了发明电报机的专利权。不过，让人们感到遗憾的是，此刻的莫尔斯竟然完全忘记了当年亨利对他的无私帮助，这不能不说是这位发明家的一大瑕疵。

1843 年，莫尔斯的发明终于感动了美国国会，得到了 3 万美元的经费资助。这样，他就从困境中解脱出来，也使得研究工作有了很大的转机。他在华盛顿与巴尔的摩两地之间架设了第一条固定电报线路，这也是世界上第一条实用的电报线路。

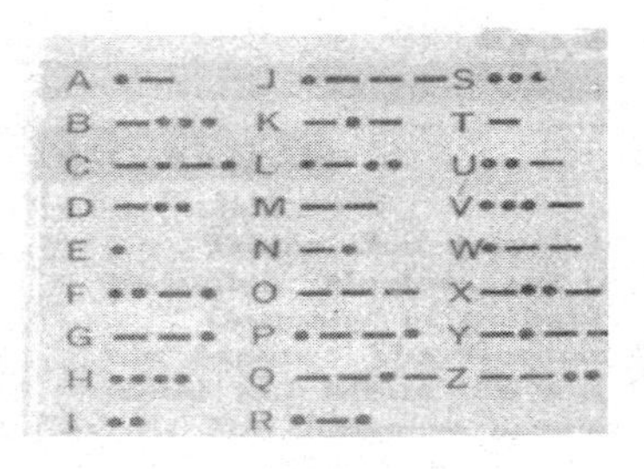

莫尔斯的电码

1844 年 5 月 24 日，人类通信史上庄严的时刻到来了。这一天，华盛顿沉浸在节日般的欢乐气氛中，在华盛顿国会大厦举行的通报典礼上，莫尔斯用激动的手指向 64 千米外的巴尔的摩发出了人类历史上第一份长途电报。它的电文是：

What hath God wrought!

（上帝创造了何等的奇迹!）

莫尔斯成功开创了用电传递信息的新时代!

21 用电流传播声音

◇ ……………………

莫尔斯的电报机通过按动电键产生“嘀嗒嘀嗒”的声音，传播的是代表文字的符号。如果能够利用电流直接传输人们相互间的对话，那是多么爽快的一件事啊！不过，这种可贵的设想刚提出来时，曾被许多人耻笑。然而，贝尔把这种“痴心妄想”变成了现实。

贝尔于 1847 年 3 月 3 日出生在苏格兰爱丁堡的一个语言世家。他的祖父具有演说家的天赋，他的父亲从事聋哑人的语言教育，对人的发声机制、听觉特点有深入的研究。贝尔在爱丁堡大学读书时，也曾系统地学习过语言分析、人的发声机理和声振动等专门知识，后来移居美国，做过聋哑人教师。1871 年，他被聘为波士顿大学语言学教授。

贝尔
A. G. Bell
(1847—1922)

贝尔开始时只想为聋哑人研究一种“可视语言”。他设想，在纸上复制出人的语言声波的振动曲线，使聋哑人能够从波形曲线中“读”出话语来。但由于这种曲线不容易识别，贝尔的这个设想失败了。不过，贝尔在实验时意外地发现了一个有趣的现象——当电路接通和断开时，螺旋线圈会发出轻微的“咔咔”声。这个现象使贝尔联想到，要传送人的声音，必须创造出一种能够随语言的音调而振动的连续电流。换句话说，必须以电波代替通常人们面对面讲话时传送声音的“空气波”。从此，这个念头一直萦绕在贝尔的脑海中。

贝尔兴致勃勃地把自己的想法告诉电学界的一些人，希望得到他们的支持。不料，得来的却是冷漠和讥笑。一位学者好心地劝他：“你之所以产生这种幻想，是因为缺少电学常识，你只要多读两本《电学入门》，导线传送声波的妄想自然就会消失了。”还有一位颇有名气的电报技师竟然恶语伤人：“电线怎么能传送声波，岂非天大的笑话！正常人的胆囊是附在肝脏上的，而你贝尔的身体却长在胆囊里，实在少见！”

面对这些冷嘲热讽，贝尔并没有退却。为了学习电学知识，他不远万里专程到华盛顿，请教当时的大物理学家亨利。

1873 年 3 月的一天，已经 73 岁的物理学家亨利很热情地接待了这位远方来的年轻人。贝尔对亨利讲完了自己的想法后，很紧张地问道：“先生，您看我该怎么办呢？是发表我的设想，让别人去干，还是我自己努力去实现呢？”亨利慈祥地回答：“你有一个了不起的理想，贝尔，干吧！”

贝尔又忐忑不安地说：“可是，先生，我在制作方面还有很多困难，而更困难的是我不懂电学。”亨利斩钉截铁地回答：“掌握它！”

这次见面，贝尔从亨利那里得到极大的鼓励。事后他在写给父母的信中说道：“我简直无法向你们描绘这两句话是怎样地鼓励了我——要知道在当时，对大多数的人来说通过电报线传递声音无异于天方夜谭，根本不值得浪费时间去考虑。”亨利对他的影响非常巨大，很多年以后，贝尔还这么回忆道：“如果当初没有遇上约瑟夫·亨利，我也许根本发明不了电话。”贝尔始终对亨利抱有感恩之心，这是很值得称道的。

贝尔从华盛顿回到波士顿后，开始潜心阅读电学书籍。1873 年的初夏，他毅然辞去波士顿大学语言学教授的职务，还聘请了一位18岁的青年电工技师托马斯·沃特森为助手，全身心地投入到电话的发明中去。他们一次次地试验了各种方案。

为了使簧片振动传播声音，贝尔想到了人的耳朵。于是，他从一个朋友那里弄来了一个完整的人耳标本，仔细研究人耳传声的途径。通过研究，贝尔进一步打开了发明的思路：

电话机需要通过声波电流推动小而薄的振动膜，再推动簧片

人耳之所以能够听到声音，首先是外界的声波使耳内小而薄的鼓膜振动，然后由鼓膜再去推动比较大的耳朵听骨，从而产生听觉。

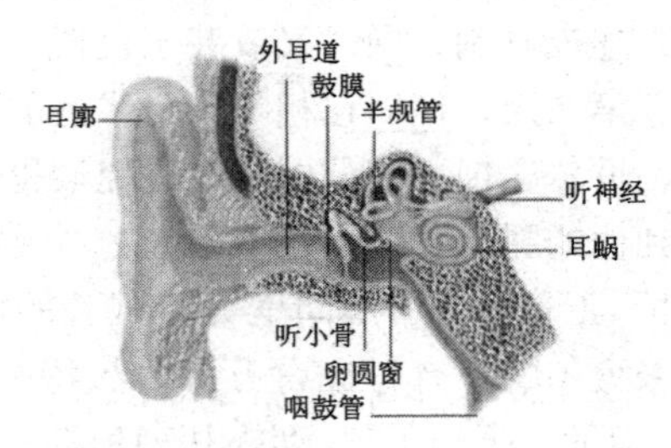

人耳传递声音的路径

根据这个思路，贝尔立即和助手沃特森一起做了两台粗糙的样机：他们在一个圆筒底部装了一张薄膜，薄膜中央垂直连接一碳杆，碳杆插入硫酸溶液中。人讲话时薄膜振动，碳杆与硫酸接触处的电阻发生变化，电流随之有强有弱。他们将送话器一端的线圈与受话器一端的线圈连接起来，这样，在受话器中电流的强弱变化引起磁场的变化，使受话器里的簧片随之振动，发出与送话频率相同的声音。在这里，送话器就像一只电子嘴巴，讲话时产生变化的电流通过电话线把发话人的声音传出去；受话器就像一只电子耳朵，变化的电流引起振动膜的振动，使受话人听到声音。

贝尔把这两台样机分别放置在相距20多米的两个房间里，用电线连接起来进行通话试验。遗憾的是，尽管他们拼命叫喊，簧片也振动了，但听到的声音不是穿墙而来，就是越顶而过，电话机里毫无反应。这次试验又失败了。

贝尔继续改进方案，不断地试验。他自己也记不清设计了多少个方案，经历了多少次失败。可贵的是，贝尔从来没有放弃过，一直在苦苦地探索着。

一天，天气十分闷热，已经紧张工作了很长时间的贝尔打开窗户，听到一阵悠扬的吉他声从远处传来。正在冥思苦想中的贝尔豁然开朗：单凭吉他弦的振动，只能发出微弱的声音，由于吉他有个共鸣箱，才能使声音传得很远很远。联想到他们制作的送话器和受话器，簧片的振动同样太微弱了，因此难以把振动传播出去，所以必须有个共鸣箱装置。贝尔终于完善了他的发明构思：

电话机需要助音箱，使簧片振动来带动空气同步振动

贝尔想到这里，神情振奋，他立即设计了一个助音箱，和助手两人连夜赶制，同时又改装了机器。

第二天，他们在相隔约百米远的两个房间里进行新的试验。当时，贝尔在把一部分器材放进硫酸里去的时候，不小心有一些硫酸溅到他的腿上，痛得他直叫喊："沃特森先生，到这儿来，我需要你！"正在另一个房间里等着试验的沃特森，突然听到从电话机中传来贝尔的声音，惊喜万分。沃特森立即冲进贝尔的房间大声说："听到了！听到了！"两人热烈地拥抱在一起，此时贝尔也完全忘却了腿部的疼痛。

历史记下了这难忘的时刻：1875 年 6 月 2 日傍晚，世界上第一台电话机诞生了，它传递的第一句话竟是呼救声！

贝尔在 1875 年制成的电话机，由一圈电线、一个磁臂和一块薄膜组成。通话时，人的声音通过薄膜振动，带动磁臂振动，从而使线圈中产生随声音变化的电流。在受话端有同样的装置，将变化的电流还原成声音。

贝尔早期制作的电话机

当天晚上，贝尔怀着无比激动的心情给他的妈妈写信："今天对我来说，是个重大的日子，我们的理想终于实现了！我觉得，就像把自来水和煤气送到各家一样，把电话安到用户那里的日子就要来到，朋友们不用离开家就可以互相交谈啦！"

后来，贝尔对样机作了改进，经过半年的努力，终于制造出了世界上第一台实用的电话机。

1876 年春，贝尔获得了电话机的发明专利。这项专利的发明后来成为商业史上最赚钱的发明之一。不过，贝尔通过电话赚的钱大

部分都用到自己以及别人的科学研究中去了。

同年6月25日，在美国费城百年工业展览会上，一张展台上摆着一个外表很一般的盒子，这就是贝尔设计的电话机。他先给大家介绍了电话的工作原理，随后就进行演示。他背诵了小时候熟记的莎士比亚剧作里的一段篇章，大家听到了从展览大厅另一端的送话器里发出的声音，非常惊讶。英国著名科学家威廉·汤姆孙在评语中写道："这项发明非同凡响，科学上具有重大意义。"

随后，贝尔对他的电话不断进行改进。1877年4月，成功地在美国波士顿与纽约两市间进行了通话试验，并且很快就传到了欧洲。电话迅速地在美国和全世界普及起来。

贝尔在演示他的电话机

如今，在美国波士顿法院路109号门楼上，钉着一块青铜牌子，上面写着一行醒目的金字："1875年6月2日，电话在这里诞生。"当年贝尔电话机的原型仍然珍藏在华盛顿历史与技术博物馆里。

电话的发明，消除了时间和空间的隔阂，深刻地改变了人们的联系方式和人际交往方式，把人类这个大家庭联系得更加紧密。人们将永远记住贝尔发明电话的伟大功绩。

22 把声音记录下来

◇ ……………………

电话的发明可以使人们逾越距离的障碍，恰如面对面的促膝谈心一般。可是人们说过的话瞬息即逝，再也无法重现。数千年来，芸芸众生都习以为常，似乎这是天经地义、理所当然的事。

爱迪生
T. A. Edison
(1847—1931)

科学家、发明家的可贵之处，也许就在这里：他们往往能想常人不敢想的问题，尝试着常人不敢做的事。在人类发展的历史长河中，没有人想过“要把声音储存起来”，却被爱迪生在1877 年实现了。这完全是爱迪生天才的独创，没有任何可以借鉴的地方，称得上是爱迪生最大的发明。

爱迪生于 1847 年 2 月 11 日出生在美国俄亥俄州米兰镇的一个农民家里，从小在母亲的教育下，养成了好奇、好问和爱动脑筋的习惯。据说，爱迪生在 6 岁时，听母亲说了母鸡孵小鸡的事，就把几个鸡蛋抱在怀里，趴在地上学着母鸡那样，也期待着能够孵出小鸡来。爱迪生 8 岁时进入乡村小学，读了 3 个月就离开了学校，在母亲的教育下，走上了自学的道路。

爱迪生学习非常认真。9 岁时就读完了许多历史书和一些科学家、发明家的传记故事。11 岁时自学了《科学百科全书》和牛顿的著作。他特别喜欢动手做实验，常在家中的地窖里按照书上说的进行化学试验。

为了减轻家庭的负担，爱迪生从 12 岁起就走向社会谋生，开始时在火车上卖报，同时做着化学实验。有一次不慎引起黄磷燃烧，被大发雷霆的列车长打聋了右耳。后来他在铁路上当过报务员，在电气公司做过雇员等。爱迪生无论在哪里，都会在工作之余废寝忘食地阅读各种科学技术书籍，并不断进行实验。

1868 年，21 岁的爱迪生幸运地买到了法拉第的《电学实验研究》一书。从此，他对电学产生了浓厚的兴趣，孜孜不倦地钻研法拉第的著作，并进行各种实验。他把每次实验都详细地记录下来，这个习惯一直坚持了 60 年。

1869 年，爱迪生 22 岁时，他依靠自己的才能，给金融公司发明了“证券报价机”，为此他获得了 4 万美元的奖金。他用这一笔当时很可观的钱开了一家工厂，专门制造电器机械以及从事研究。后来，他又因一项发明专利获得了 10 万美元的奖金。1876 年，爱迪生在新泽西州的门罗公园盖起了一个大型的实验工厂——门罗实验室。这里除了生产车间外，还有实验室、图书馆，并且还聚集了一批年轻人。他们中间有英国的工程师、瑞士的钟表匠、法国的技师，还有数学家、吹玻璃的工人等各类的人才。这个门罗实验室称得上是世界上第一个大型的综合实验室，也是美国第一个有组织的工业科学研究机构。从此，爱迪生结束了在实验室里单枪匹马地搞发明的时代，开始依靠团队合作进行发明创造。

爱迪生在门罗实验室里的第一项发明是炭精送话器。他对贝尔的电话机进行了改革，用炭精代替硫酸和碳杆，灵敏度有了明显的提高。也正是在这项发明过程中，一个很普通的现象触发了爱迪生产生发明留声机的大胆设想。

1877 年的一天，爱迪生又在调试炭精送话器。由于他的右耳听力不好，就用一根短的钢针竖立在膜板上，然后对膜板讲话，用来检验传话膜片的振动。他偶然发现，当他用钢针触动膜片时，随着讲话声音的高低竟然能使短针产生相应的不同颤动，声音愈高，颤动愈快；声音愈低，颤动愈慢。

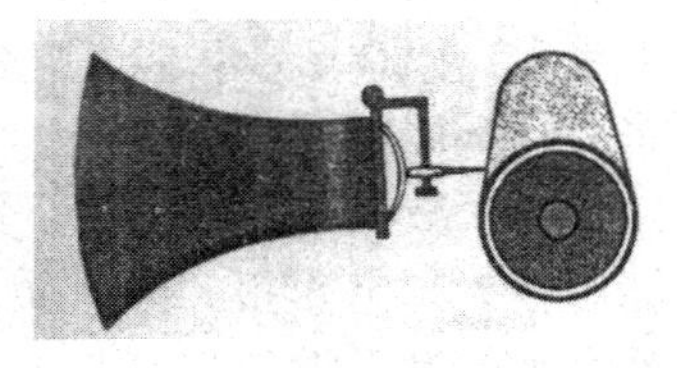
爱迪生发明的第一台留声机的图样

这一现象立刻使发明家获得了灵感：既然声音的高低能使小针发生不同的颤动，那么反过来，利用这种颤动一定也可以发出原来的声音。他联想到不久前在改进电报机时，曾经观察过打印符号的纸带在小轴压力下发出的声音，当改变小轴的压力时，声音的声调也随之变化。他很快就形成一个设想：可以借助运动载体上深度不同的沟道来记录和回放声音。

于是，爱迪生就从这一年的夏天开始，像着了魔似的进行全神贯注的思考，经过连续许多天的试验，终于有了突破性的进展。爱迪生按捺不住心中的喜悦，在笔记中写道："我用一块带针的膜片，针尖对准急速旋转的蜡纸，声音的振动就非常清楚地刻在蜡纸上了。试验证明了要把人的声音完整地储存起来，什么时候需要就什么时候再放出来，是完全可以做到的。"爱迪生后来回忆说："我大声说完一句话，机器就回放我的声音。我一生从未这样惊奇过。"

不久，他就画出了机器的草图。这是由一个大圆筒、曲柄、金属小管、膜片和受话器组成的怪机器。他把图纸交给助手克瑞西，1877 年 12 月 6 日，克瑞西根据爱迪生的图纸制造出了第一台样机。不过，他并不相信这台怪机器真的能够说话。

这时，爱迪生取出一张锡箔，卷在刻有螺旋槽纹的金属圆筒上，让针的一头轻擦着锡箔转动，另一头和受话机连接。爱迪生摇动曲柄，对着受话机唱起了儿童歌曲"玛丽的绵羊"。唱完后，把针又放回原处，再慢悠悠地摇动曲柄。接着，机器不紧不慢、一圈又一圈地转动，竟然发出了与爱迪生刚才唱的一模一样的歌声。这个声音虽然较小，而且有点含糊，但站在旁边的助手们，看到这样一架会说话的机器，听到有生以来从没有听到过的声音，都惊讶得说不出话来。

爱迪生把这台机器取名为“留声机”。他唱的歌“玛丽的绵羊”，也就成了有史以来录制的第一首歌曲。

爱迪生发明留声机的消息很快传开了，并轰动了全世界。人们称赞这是“19 世纪的奇迹”，是 19 世纪最使人振奋的三大发明之一。1878 年，英国皇家学会举办了留声机展览。法国政府为这项发明颁发了奖金。美国总统在白宫接见了他。后来，爱迪生对早期的发明又作了许多改进，研制了第二代留声机。在第二代留声机的话筒上，加了一个喇叭形的筒，作为扩音器用；用蜡筒代替锡箔，使它可以重复使用；机箱里装上了驱动结构，每次只要上紧发条，就可以自动录放。这一代留声机就像经典作品那样沿用了很多年。

风靡一时的带喇叭的留声机

23 实现了利用电流照明的理想

◇

留声机的发明，使年仅 31 岁的爱迪生成了新闻人物，顷刻间他的名声大噪。然而，爱迪生并没有被成功和荣誉冲昏了头脑，更没有停止发明的脚步。1880 年他发明了电灯，彻底改写了照明的历史。

在人类文明史上，从早期的松枝火把，到后来的油灯、蜡烛，乃至煤气灯，绵延几千年，照明都离不开直接燃烧的火。

1800 年伏打发明电池后，英国科学家戴维在 1811 年将 2000 个伏打电池连接起来，组成一个大电池，然后从两个电极上引出导线连接到两根靠得很近的碳棒上，碳棒之间产生了一条长约 10 毫米的明亮的电光，这是历史上第一个利用电能发光的弧光灯。不过，弧光灯发出的光，亮度强得刺眼，还伴随着一股呛人的气味，无法作为室内照明使用。而且，由于电弧发光的温度极高，使碳气化成蒸汽，碳棒会逐渐变短；随着碳棒之间距离的增大，电弧很快就会熄灭，不能维持较长时间的发光。

但是，弧光灯不需要依靠直接燃烧的火获得光明的事实，极大地鼓舞着许多科学家，他们希望能够利用电能得到一种发光更柔和、更稳定，而且能够较长时间使用的光源。于是，许多科学家在弧光灯的启示下纷纷向着这个目标进军。可是，半个多世纪过去了，依然没有取得什么大的进展。

这时，在门罗实验室里的爱迪生也加入到这场追求光明竞赛的行列中。爱迪生通过对当时广泛使用的煤气灯的研究，找出了核心问题，他认为，利用电流来发光，关键是要解决采用什么材料做耐热发光的灯丝。为了寻找合适的材料，他曾对1600多种耐热的材料一个个地进行试验。每天经常工作20个小时，有时甚至连续工作36个小时。门罗实验室里的一个下属曾对他作了这样的描述：爱迪生睡觉，不分时间，不分地点，什么都可以当床，我曾见他用手作枕头睡在一张工作台上，还见过他两脚架在办公桌上睡在椅子里，有时他也穿着衣服睡在小床上。还有一次我见他一连睡了36个小时，中间只醒来一个小时，吃了一大块牛排和一些土豆、馅饼，抽了一支雪茄。

爱迪生发明的电灯

爱迪生经过无数次的试验，发现白金丝的性能最好，可惜太昂贵了，不适合在民用的电灯中推广。后来，受到英国工程师斯旺利用炭丝的启发，他用坩埚将一根棉线炭化，小心翼翼地封进灯泡里，然后抽掉空气制成了一个真空灯泡。通电后，灯泡立即发出柔和、明亮的光。这是第一盏真正利用电流来照明的灯，他和同伴们非常兴奋地围坐在这盏灯的旁边。他在日记中这样写道："我们坐在那里留神看着这盏灯继续点燃着。它点燃的时间越来越长，我们笑得神驰魂迷。我们中间没有一个人能走去睡觉——共40个小时的工夫，我们中间的每一个人都没有睡觉。我们坐着，扬扬得意地注视着那盏灯。它持续亮了45个小时。"

这在当时的确是一个很了不起的成就。不过，爱迪生并不满足。他又在记事本里写下一行大字：

爱迪生在研究电灯

“1879 年 10 月 21 日，灯泡寿命 45 小时。下一个目标——1000 小时。”

通过制作这个灯泡，爱迪生取得了一定的经验，于是他就集中力量考察了大批植物纤维的性能，开始了研制灯丝的新试验。究竟用什么材料更合适呢？这是没有人能够告诉他的，发明家面前绝不可能有现成的路可走。他只能依靠自己的意志和努力，不断地进行摸索，就像航行在茫茫大海中的一叶孤舟，需要往各个方向艰难地去寻找可以登陆的港湾。

他把麻线、桃木、椰松、钓鱼的线、果皮，甚至头发、胡须等一个个地找来试验，被他用过的植物纤维多达几千种。由于将植物纤维炭化后做成的丝实在太脆弱了，稍稍不注意就会断裂，因此做成一根灯丝封入灯泡往往要花费很多时间和精力。要把几千种植物纤维一个个地做成很细的灯丝，再封入灯泡里抽气后进行试验，可以想象，这种探索需要多大的信心和毅力！

俗话说“工夫不负有心人”，爱迪生的努力使他渐渐地看到了成功的曙光。灯泡的寿命也逐渐延长到 100、200、300 小时，离他设定的目标越来越近了！最后他选定用扁竹条炭化后制作的灯丝，效果最好。

1880 年初，他采用竹丝烧成的碳丝做成了灯丝，电灯亮了 1200 小时。爱迪生终于成功了，摘取到“光明天使”的桂冠。

关于爱迪生发明电灯的过程，还流传着这样一个小“故事”：有一次，爱迪生需要了解各种圆形、椭圆形灯泡的容积，于是他把这个任务交给数学家厄普顿。这位数学家画了各种图，并运用公式进行着复杂的计算，老半天还没有拿出结果。爱迪生看到后对他说，不应该把才华和时间浪费在这里。他将灯泡灌满水，然后倒在量杯里，灯泡的容积很快就知道了。这个小故事说明爱迪生常能冲破传统的思路，不拘泥于刻板的模式，这也正是发明家最难能可贵的地方。

早期的电灯广告

电灯的试制成功，解决了用电流照明的一个根本问题。为了能把这种新型的照明工具推广到千家万户，还必须解决供电网络等一系列的问题。接着，爱迪生还研究出保险丝、绝缘物质、铜线网络等现代化电气系统中必须应用的设备，并于 1882 年在纽约建立了第一个发电站。这样，爱迪生发明的电灯（白炽灯）就迅速得到推广。这种竹丝炭化后制成的灯泡使用了 10 多年，直到 1909 年被美国柯里奇发明的钨丝灯泡所取代。

爱迪生在门罗实验室里发出的灯光，终于使人类告别了直接依靠“火”获得光明的历史，开拓了照明的新时代。

24 他把世界带进了交流电的时代

◇ ………………

爱迪生发明了白炽灯，使他得到极大的荣誉，受到美国人民普遍的爱戴。不过，灯泡不会自行发光，需要通以电流，当时爱迪生用他发明的直流发电机给灯泡供电。但是，实际使用中发现直流电有许多缺点，尤其不适用于远距离传输。那时，为了能够对稍远距离的地方供电，差不多每隔1千米就要增设一个发电站，输电的成本很大、费用昂贵，影响了电灯的推广使用。

尼古拉・特斯拉
Nikola Tesla
(1856—1943)

在科学技术史上，真正让电灯走进社会大众的家里，使电能得到广泛使用，推动了以使用电能为标志的第二次工业革命，应该归功于相当长时间内一直被人们遗忘的发明家特斯拉。

特斯拉1856年7月10日生于克罗地亚的一个神职人员家庭。在中学时代他既喜欢读书也喜欢玩，还喜欢动手做些机械方面的设计。1875年，他违背父母期望他当牧师的心愿，进入一所技术学院学习。特斯拉在读书时就表现得非常聪明，常可以在头脑中飞快地完成复杂的计算，以致曾被老师误认为他在作弊。大学毕业后，曾在欧洲的爱迪生大陆公司任职一段时期。由于他仰慕爱迪生，同时在工作中有着出色的表现，1884 年被推荐到美国爱迪生实验室工作，并很快显示出了非凡的发明才能。

特斯拉与爱迪生虽然属于同时代的人，可是由于他们个人的经历、际遇不同，形成的研究风格也迥然不同。爱迪生没有受过系统教育，他注重实践，更多的是依靠勤奋，并善于组织人才；特斯拉在大学进行过专业学习，比较注重理论，属于灵感型人才，比较喜欢单打独斗。

例如，爱迪生在发明电灯的过程中，为了寻找合适的灯丝材料，用了几千种不同材料做成灯丝一个个地进行试验。对于这种工作方式，特斯拉常以逗乐的口气说："如果爱迪生在一大堆草里找一根针，他一定立刻像一只蜜蜂那样，不辞辛苦一根稻草一根稻草地翻看，直至找到他所要的东西为止。其实如果要是懂一点点理论稍微计算一下的话，那么他可以很轻松地省掉 90% 的劳动。"

有一次，特斯拉同爱迪生谈起有关发电机的几种改革可能，爱迪生轻蔑地说："如果你能做成，我付你 5 万美元。"特斯拉信以为真，非常认真地连续工作了几个月，对发电机进行改革试验，结果他成功了。后来，当他向爱迪生索取 5 万美元时，爱迪生却回答："特斯拉，你不懂我们美国人的幽默。"当然，也不可能付给特斯拉美元了。也许，在爱迪生看来当初确实只是开个玩笑，但特斯拉却不这么认为，而是极其认真地完成了这项改革。

由于两人在研究风格等方面的不同，类似的事情经常发生，自然会在两人之间产生芥蒂，并逐渐导致裂痕越来越大。特斯拉和爱迪生都称得上是发明天才，正如中国有句俗话："一山难容二虎。"特斯拉的才能越突出，越是免不了会受到多方面的嫉妒乃至排挤。因此，在 1885 年特斯拉愤然从爱迪生的公司辞职。

特斯拉离开爱迪生的门罗实验室之后，得到了乔治·威斯汀豪斯的支持，潜心研究交流电。

实际上，特斯拉早在欧洲的爱迪生公司时就制成了世界上第一台交流发电机的雏形。他到了爱迪生实验室后曾建议爱迪生进行开发，可惜这位大发明家的思想在这个问题上却显得过于保守与狭隘，一味地钟情于他自己发明的直流发电机，对特斯拉的发明思想不屑一顾，不愿做认真考虑。

我们知道，使用交流电虽然不如直流电安全，但可以利用变压器升降电压，减小输电线上的损失，实现远距离输电。

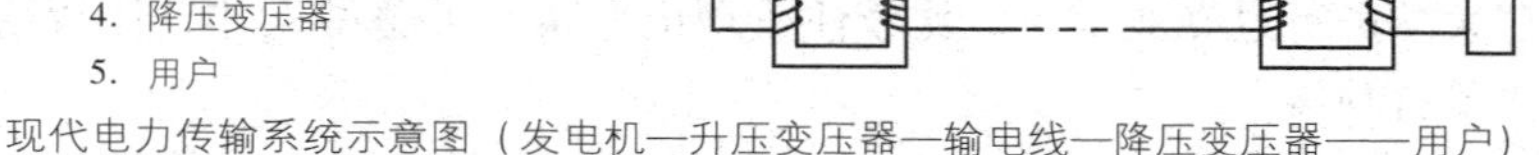

现代电力传输系统示意图（发电机—升压变压器—输电线—降压变压器——用户）

特斯拉高瞻远瞩，他非常清楚交流电的这种优势，坚信成本更低的交流电日后肯定能得到大范围的推广。他离开爱迪生公司后，经过几年的努力，在 1888 年成功地建成了一个交流电电力传送系统。他设计的交流发电机比直流发电机简单、灵便，并且，还用他发明的变压器顺利地解决了远距离输电的困难。

作为一个对新技术非常敏感的发明家，当时的爱迪生实际上也已经看出了使用交流电的优势。按理说，他应该额手称庆，毕竟是自己公司曾经的员工和部下获得了这样一项新的发明。但是，由于交流电的出现势必直接威胁到爱迪生公司所经营的直流电的生意，可能出于竞争的考虑，非常遗憾，此时的爱迪生竟然失去了一位大发明家对待新发明应有的风范，陷入了唯利是图的泥潭，极力排斥交流电，打压特斯拉的发明。他利用当时公众对电的畏惧心理，出版小册子夸大其词地宣传交流高压的危险，甚至还搞了一个试验室，很不人道地用小动物做“电刑”实验，造成恐怖景象，诽谤特斯拉的交流电。1888 年，当时众多报章皆大肆报导：著名发明家爱迪生宣称尼古拉·特斯拉是科学界一大“异端”，他所发明的交流电直接影响人类的生命安全等等。正所谓“人无完人，金无足赤”，爱迪生的这些行为确实很不光彩。当然，这仅是这位大发明家身上一个很遗憾的瑕疵而已，无损于他为人类的文明和进步作出巨大贡献的光辉一生。

特斯拉非常清醒，交流电所具备的很多优点是客观存在的，因此他并没有被爱迪生公司的一连串攻击所吓倒。为了改变公众对交流电的印象，他专门研究了高频电流对人体生理的影响，并在电气工程师协会上作了有关高压交流电实验的报告。他还远赴英国、法国的科学院做报告，宣传有关交流电的许多实际应用。

1893 年在芝加哥博览会的记者招待会上，特斯拉做了一个极其精彩的表演——让交流电通过自己的身体去点亮电灯。当时，在场的记者一个个目瞪口呆。这次表演取得了极好的宣传效果，有效地改变了公众对交流电的看法。同时，他为了推广和鼓励人们使用交流电，还自动放弃了交流电的专利，免费让人们使用。有人说，如果特斯拉没有放弃交流电的专利，他完全可能成为世界上最富有的人。

1895 年，他为美国的尼亚加拉水力发电站制造发电机组，用高压电解决了远距离供电的难题。如果采用直流电方式，要求把电能输送到 35 千米以外的纽约州水牛城，这根本是不可能的。

特斯拉通过这些努力，终于赢得了人们对交流电的信任，使交流电的应用逐渐得到了普及。

特斯拉的功绩，不仅在于使交流电取代直流电供照明使用，他最有价值的成就是发现了旋转磁场原理——将三相交流电通入三个互成 120°角的线圈中，就会在空间产生一个旋转磁场，并由此发明了交流感应电动机，发明了三相交流供电系统等。可以这么说，特斯拉的发明把世界带进了交流电时代，从而推动了以电的广泛应用为标志的第二次工业革命。此外，特斯拉还在极高压的研究、无线电广播、微波传输电能、电视广播等方面都作出了开拓性的研究。他的一生独自获得的发明专利共有 1000 多项。特斯拉是一位非常了不起的科技天才。

当悬挂的蹄形磁铁绕悬线轴旋转时，两极间的磁场方向也在旋转，相当于磁铁不动，放在磁铁中间的铝框反方向转动，在铝框中会产生感应电流。磁铁对框中感应电流产生安培力，从而驱使铝框跟随磁铁转动。

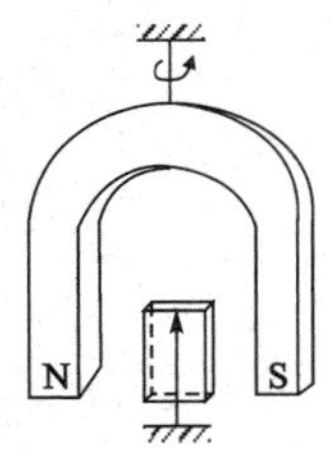

旋转磁场的简单说明

可是，有时命运真的很会作弄人，这样一位传奇式的科技天才一生的际遇却很坎坷。由于他的性格比较怪僻，并且他所专注的某些课题又大大地超越了当时的科学实际和人们的认识水平，因此他 40 岁后就离开了大众的视线，在相当长的一段时期内，这颗璀璨的明珠非常可惜地被掩埋了，人们对他的评价也明显地低于他所取得的科学成就。

不过，历史终究是公正的，是金子就一定会发光。1956 年在特斯拉百年纪念时，国际电气技术协会为表彰他在交流电系统的卓越贡献、高压输电成果以及发明著名的特斯拉线圈等，决定用他的名字——特斯拉作为磁感应强度的单位。后来，在美国的尼亚加拉瀑布的公园中又建起了特斯拉的铜像。

人们将永远记住特斯拉对人类科学发展作出的伟大贡献！

25 让电磁波飞越大西洋

◇ ……………………

电报和电话的发明，虽然突破了距离的障碍，开辟了通信的新时代，可是人们并不满足，因为它们都需要架设线路，这在有些地方实施起来非常困难，尤其无法适应日益发展的海上通信的需要。

实际上，在1887年德国物理学家赫兹发现了电磁波后，人们就进一步地设想，能否利用电磁波来进行远距离的通信？当时，世界各国一些有远见的科学家，都对电磁波在通信领域中的应用进行过很有意义的探索，形成了群雄逐鹿的局面。在科学史上，首先使无线电通信这项技术真正地实用化，是意大利人马可尼。

马可尼
G. Marconi
(1874—1937)

马可尼于1874年4月25日出生在意大利帕多瓦城一个富裕的家庭里。他从小受过良好的教育，养成了勤奋好学、爱动脑筋的习惯，尤其喜欢阅读物理学方面的书籍。

1890年，16岁的马可尼到帕多瓦大学读书。当他看到教授电学的里奇老师做赫兹实验时，电火花（电磁波）从一个仪器中发出，被另一个仪器接收，马可尼很快就想到用它来传递信息，实现无线通信的问题。里奇也是研究电磁波的，很支持马可尼的想法。后来，马可尼在里奇的支持下，经常在学校里做一些电磁学方面的实验。回到家里，继续摆弄着别人看来很古怪的这些玩意儿。同时，他还千方百计地大量收集前辈科学家的研究资料，认真吸取前人的见解，综合他们的长处，并把它融入自己的实验中去。

1894 年夏天，20 岁的马可尼已经取得了一些初步的成绩。他在自己住房的三楼上用无线电信号控制楼下的电铃发声，这是马可尼第一次实现无线电信号的传送。

一年后，马可尼跟哥哥一起在家中的花园里，又进行了一次非常成功的实验。他的装置中使用了别人已经改进的火花式发射机和金属屑检波器，并在接收机上加装了天线，有效地提高了发射和接收的距离。

我们知道，赫兹实验中由振荡器产生的电磁波被局限在一个比较小的范围内，只有通过天线才能向远处发射。因此，天线的使用可以说是马可尼的一个创造性发明。同年 9 月，他改进仪器后又进行了一次富有戏剧性的实验。他们在相距 2.7 千米、中间隔有一座山的两地间，顺利地实现了无线电通信。

初试成功的喜悦使他十分陶醉，但这时继续试验的经费却非常不足。于是，他满怀激情地向意大利邮电部发出一封要求资助的信，希望扩大试验，把这项发明贡献给国家的通信事业。可是这封热情洋溢的信寄出后却石沉大海，邮电部对他没有理睬。马可尼在得不到意大利邮电部任何资助的情况下，气愤地转向英国申请专利。

1896 年，他只身来到伦敦。不久，马可尼的发明就取得了英国政府的专利，并且专利局的官员还介绍他去见邮电部总工程师普利斯博士。

普利斯博士是英国电信界的权威人士，当时他正在研究感应无线电报——让信号电流从一根导线中通过，在另一根导线中感应出电流，从而达到远距离传输信号的目的。可是，试验屡屡失败，使他难免有些惆怅。此时，他正好从英国的杂志上看到了马可尼的专利申请，知道马可尼不是用电流感应的方法，而是用电磁振荡的方法，他感到无比的惊奇和欣喜。因此，当普利斯看到马可尼后，喜出望外，立即把他请到了邮电部大楼，并让他利用大楼里的所有设备进行无线电通信的研究。从此，马可尼有了强大的后盾，如鱼得水，研究工作进行得非常顺利。这一朵在意大利孕育的发明之花，终于在英国绽放，并结出了丰硕的果实。

马可尼早期的无线电报机：在发报电路中，用莫尔斯电键控制电路的通断，产生高压脉冲，使得两个小球间产生电火花，通过天线把电磁波发射出去，收报机通过天线接收电磁波。

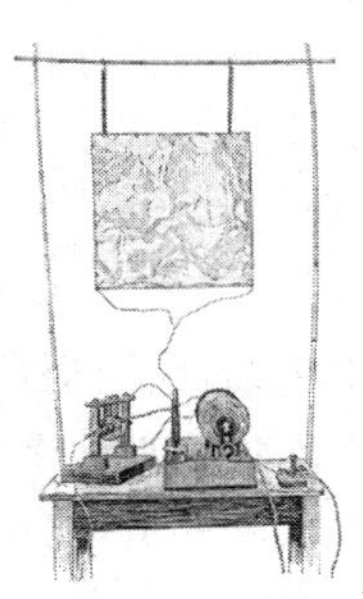

马可尼的电报机

马可尼在普利斯博士的鼓励和支持下，不多几天，便重新装配出了新的无线电收发报设备，并在邮电部大楼楼顶上跟300米外的银行大楼成功地实现了无线电通信。后来，在普利斯的帮助下，他又在郊外进行了无线电信号实地收发试验，距离达到8千米。

这一年的年底，普利斯在伦敦科技大厅向大家介绍马可尼，并让他当众进行了无线电通信表演。这次带有戏剧性的活动使马可尼登上了社会舞台，使全英格兰都知道了马可尼和无线电报。不久，他又在英国西海岸的一个海湾进行了一次跨海通信试验，收发两地的距离增加到14.5千米。

1897年7月，马可尼在伦敦成立了无线电报通信公司（后改为马可尼无线电公司）后不久，伦敦正好要举行一次全国性的游艇比赛。比赛的出发点在港口，终点在15千米外的海面上。以往，观众需要耐心地等待几十分钟才能知道比赛的结果，而对于押了赌注的人来说，更是心急如焚。马可尼觉得这正是展示无线电通信的一个大好机会，于是他就让普利斯在终点发报，自己在起点接收。当比赛的发令枪一响，码头上立即人声鼎沸，一艘艘游艇划破碧绿的海面，卷起阵阵白浪，你追我赶地向着终点飞驰而去。观众望着逐渐消失在视野中的游艇正议论纷纷作着不同的猜测时，马可尼却突然举起双手大喊："玛丽号第一，玛丽号赢了！"码头上的观众带着怀疑的目光，惊奇地看着这个意大利小伙子。不多时，报信的快艇送来了消息，证实了马可尼的话。人们这才领教到了发出"嘀嘀嗒嗒"声音的这个盒子，简直具有"顺风耳、千里眼"的威力。

1898 年 12 月，马可尼在南海岬灯塔建立了无线电台，不久，依靠这个电台的无线电信号使海军总部的一艘搁浅的轮船得到及时营救，保护了 5 万 2 千英镑的货物免受损失。这是无线电首次在海上救援中亮相。此后，马可尼正式开始把无线电通信应用于商业。

1899 年 11 月，马可尼结束对美国的访问，在乘坐"圣·保罗"号邮轮横渡大西洋返回英国的途中，他又做了一次试验，这次的通信距离达到 106 千米。

多次试验的成功使马可尼信心倍增，接着，他便酝酿了一个令世界震惊的计划——让电波飞越大西洋。

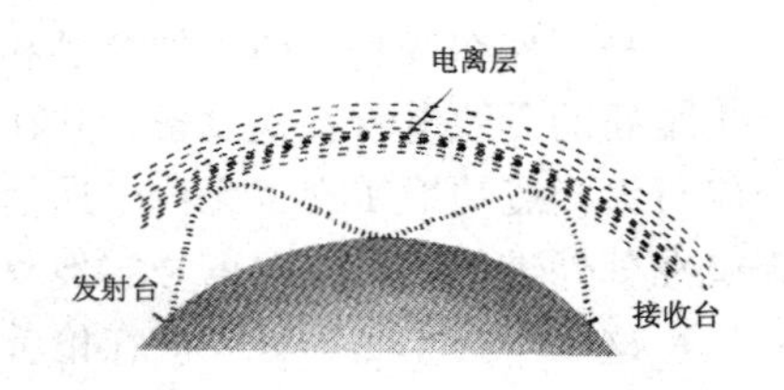

电离层能够反射电磁波

实际上，当赫兹发现了电磁波的存在后，他的一位好朋友吉布尔工程师曾写信请教赫兹用电磁波来进行无线电通信的问题。遗憾的是，赫兹未及深思熟虑就否定了这个富有创造性的设想。赫兹在回信中说："如果要利用电磁波来进行无线电通信，空中需有一面与欧洲面积差不多大的反射镜才行。"其实，赫兹的话并不是没有道理，因为他知道电磁波是沿直线传播的，而地球表面是圆弧形的，如果想利用电磁波实现远距离乃至全球通信，必须使电磁波能被反射。可惜他当时由于不知道大气中存在电离层，回答就显得过于草率了。如果他能活到 1924 年，人们发现了电离层，估计就不会如此回答了。

因此，当马可尼提出"让电波飞越大西洋"的计划后，许多人都奉劝他放弃这个念头。因为当时无线电技术还处于起步阶段，无线电收发装置都很原始（发射器停留在火花式的水平，接收器是老式的金属屑检波器），也没有电子管放大电路；同时，英国和北美相隔太远，很多人都担心地球的曲面会有所妨碍，觉得难以用无线电实现远距离通信。

马可尼非常清楚这些情况，也知道赫兹曾经作出过判断。可贵的是，他有着敢于实践的勇气。他认为哪怕失败了，给后人留一点实验数据，总算不是白费精力。爱因斯坦曾经说过这样的话："在科学上，每一条道路都应该走一走，发现一条走不通的道路，就是对科学的一大贡献。……"马可尼正是用这样的胸怀进行着探索。

为了实现"让电波飞越大西洋"的计划，马可尼做了大量的准备工作。1900 年，他取得了无线电史上有名的调谐电路的专利，使简易接收器的灵敏度和选择性有了显著的提高。同年 10 月，他在普尔杜建立了第一座大功率发射台，配置了当时世界上功率最大的发射机，还用很多根高达几十米的垂直天线排成扇形组成了很复杂的天线阵。

马可尼（左）在试验无线电报

1901 年 11 月 26 日，他带领两名助手肯普和佩基乘船横渡大西洋，经过几天航行，于 12 月初，到达纽芬兰的圣约翰斯港。他们在海岸边一座小山（这座小山后来叫做信号山）上的钟楼内安放接收机，同时赶制了一个正六边形的大风筝，把天线升到 120 米的高空。

当一切准备就绪后，他们焦急地等待着。12 月 12 日 12 点 30 分，在这个预先约定的时刻，听筒里传来了三声微小而清晰的"嘀嗒"声。马可尼终于接收到了从 3700 千米外大西洋的彼岸传来的无线电信号。他兴奋地对着助手大声地喊起来："我们胜利了！"马可尼当时并不知道由于包围地球的电离层对电磁波的反射作用，使他的探索得以成功。这也许是上苍对马可尼勇于探索的最好回报！

12 月 15 日，全世界的大报都报道了这一条具有历史意义的新闻。之后，随着真空三极管的发明，使整个无线电事业改变了面貌，无线电通信事业迅猛地发展起来了。

马可尼为开创电磁波应用于通信作出了巨大的贡献，获得了很大的荣誉。1909 年，他荣获诺贝尔物理学奖时，年仅 35 岁。此外，他还获得了美国的富兰克林奖章、俄国和西班牙的勋章以及其他许多头衔。但他非常谦虚、稳重，认为自己只是个普通的无线电业余爱好者。为了表彰他的伟大贡献，1934 年，国际海上无线电协会代表 50 个国家，一致通过把马可尼的生日——4 月 25 日命名为"世界海上无线电服务的马可尼日"。

马可尼的一生虽然没有惊人的发现，但是却作出了惊人的事业！可见，任何一项发明，只有当它达到商业应用的水平时，才算有了真正的价值。

26 “空中帝国王冠”的发明

◇ ……………………

马可尼的无线电报机中，采用的是金属粉末检波器，灵敏度不够高，也不太稳定。而且他的无线电报机，对无线电信号没有放大作用，因此接收到的信号很微弱。对马可尼的电报机进行彻底的改革，从而使无线电技术发生了空前的革命，当归功于德福雷斯特对三极管的发明。

德福雷斯特于1873年8月出生在美国的伊利诺伊州。他在中学时代并没有显露出多少才华，唯一的爱好就是摆弄各种机器，梦想日后能当个机械技师。1896年，德福雷斯特大学毕业时从杂志上读到一篇介绍马可尼的文章，给了他很大的启发。此后，他就决心研究无线电，不过当时他并没有明确的目标，研究工作毫无进展。

德福雷斯特
De Forest Lee
(1873—1961)

1899年深秋，马可尼应邀来美国为国际快艇比赛作实况报道，在此期间，他专门为好奇的观众作了无线电通信表演。德福雷斯特不仅专心致志地看了表演，还向马可尼请教无线电技术中的一些难题。海外遇知音，马可尼十分热情地作了回答，鼓励他找一个合适的课题继续研究。同时，马可尼也介绍自己正在做着提高接收机灵敏度的工作，认为要进一步扩大通信距离，必须对电报机里的金属屑检波器加以改进，不过自己还没有成熟的想法……马可尼的这一番话，给年轻的德福雷斯特留下了深刻的印象，改进金属屑检波器，竟然是当时无线电研究中一个亟待解决的重大课题，这仿佛给迷茫中的德福雷斯特指明了方向。在观看表演后回家的路上，他很陶醉地想着：说不定自己就能够完成这个使命。

此后不久，德福雷斯特就辞去了原来的工作，在纽约泰晤士街租了一间破旧的小屋，买了一些简易的器材，开始了改进检波器的研究工作。为了维持生计，白天他有时给富家子弟补习功课，有时到饭店去洗碗、扫地，晚上就沉浸在自己的研究之中。他在坎坷的道路上探索了一年，虽然几乎没有取得任何收获，可是，依然乐此不疲，继续进行试验。

后来，他在一次试验中偶然发现，当按动电键线圈发出火花时，会引起煤气灯火焰的变化。在这个现象的启发下，他制成了一种“气体检波器”，但在实际应用中很不方便，而且效率也不高，最终还是放弃了。不过，通过对气体检波器的试验，他产生了一个可贵的想法：既然炽热的火焰会受到电磁波的影响，那么，炽热的灯丝是否也会有影响呢？自从跟马可尼谈话之后，经过了四年的摸索，德福雷斯特终于开始接近成功的大门了。

有时“老天真会作弄人”，正当德福雷斯特产生这个想法并打算进行试验的时候，从大洋彼岸传来了英国科学家弗莱明发明二极管的消息。二极管是由在抽成真空的玻璃泡内装入两个金属电极——阳极和阴极构成的。这是根据爱迪生在1883年发现的炽热灯丝会发射电子的现象（后称为“爱迪生效应”）制成的。这个消息顿然使他感到已经落在别人后面，大有“功亏一篑”之憾。可喜的是，德福雷斯特并没有灰心。他认真研究了弗莱明的真空二极管，认为它与马可尼的粉末检波器相比，虽然有了进步，但仍然只能起检波作用，对电信号没有放大作用。因此，如果自己能在弗莱明的基础上进一步扩大成果，使它具有放大作用，这样不是就可以超越弗莱明了吗？科学技术往往就是这样“你追我赶”，后浪推前浪，一浪更比一浪高地向前发展。

二极管的工作原理：

阴极受热后发射的电子密集在阴极附近，如果阳极接电源正极，阴极接电源负极，电子就被吸向阳极，形成阳极电流；反之，如果阳极接电源负极，阴极接电源正极，就不能形成电流。二极电子管的这种特性，称为单向导电性。它可以用于整流、检波。

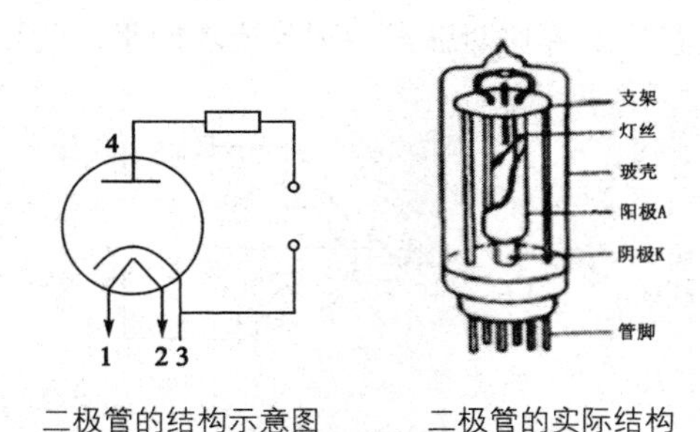

二极管的结构示意图　　二极管的实际结构

（1、2. 灯丝，3. 阴极，4. 阳极）

德福雷斯特形成这个想法后，就请灯泡厂的技师制作了几个真空管。在白金灯丝上面像弗莱明那样装了块金属屏，先做成真空二极管。当他用这个真空二极管做检波试验时，发现其效果确实比原来的金属屑检波器大有改善。接着，他又在这个二极管的阴极与阳极之间装进一个用锡箔制成的小电极，并对它的作用进行了试验。他惊异地发现，在这个毫不起眼的小电极上加一个微弱的信号，就可以改变阳极（屏极）电流的大小，而且变化规律跟所加信号的规律一致。这时，他马上意识到这个小电极对阳极电流有着神奇的控制作用。这个发现非同寻常——如果阳极电流的变化比信号电流的变化大，就意味着把信号放大了，这正是包括马可尼在内的许多无线电发明家多少年来梦寐以求的目标。

德福雷斯特非常清醒地看到了这个发现的前景，心中无比激动，但他并不急于公开这个消息，而是毫不声张地继续进行试验。为了提高对阳极电流控制的灵敏度，他多次改变这个小电极在两极之间的位置和形状。最后，他发现用金属丝代替小锡箔，效果更好，于是就用一根白金丝扭成网状，封装在灯丝和屏极之间。德福雷斯特把它称为“栅极”，它像一个非常灵敏的控制闸一样，按照施加信号的变化，改变着阳极电流的大小。

这样，就在这个破旧的小屋内诞生了世界上第一个真空三极管，从而使无线电技术跃上一个新的台阶。后人也许会认为，当真空二极管发明后，在二极管内再加一个电极很简单，弗莱明和当时的其他许多发明家怎么就像哥伦布竖蛋的故事那样，竟然会想不到呢？这，可能就是发明的魅力！因为发明本身就是一种前所未有的经历，它只垂青长期思索、刻苦追求的幸运儿！

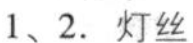

1、2. 灯丝
3. 阴极
4. 阳极
5. 栅极

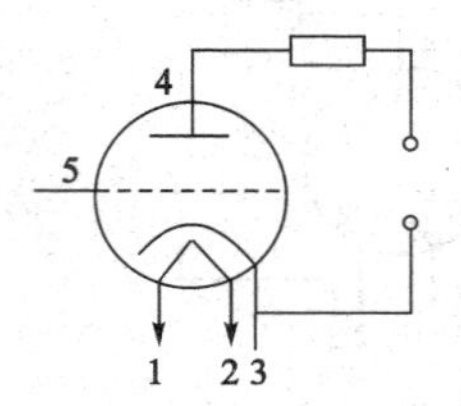

三极管的结构示意图与符号

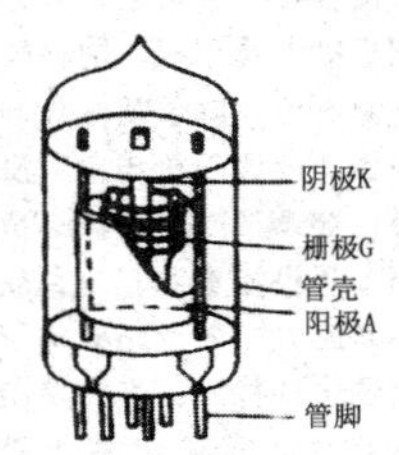

三极管的实际结构

不过，真空三极管从发明到获得社会承认，也像科技史上的许许多多发明一样，发明者经历了许多曲折和磨难，还曾经险些被抓去坐牢。

当时，德福雷斯特没有钱做进一步的试验，他曾带着自己的发明找到几家大公司，想说服那些老板对他进行资助。由于他不修边幅，穿着破旧，有两家公司连大门都不让他进，门卫怀疑他是一个行为不轨的人，有一家公司的门卫把他当作流浪汉。德福雷斯特只好拿出三极管详细地解释它的新结构、放大特性和应用前景，试图打动门卫势利的心。门卫见他把一个玻璃泡说得神乎其神，反而产生疑心，以为他是个骗子，就进去报告了经理。岂知这个经理也生有一双势利眼，看到他落魄的模样，竟然不由分说就叫来了几个彪形大汉把他扭送到警察局。几天后，法院开庭审判，他先被控告是“公开行骗”，后又称他是“私设电台”。在法庭上，德福雷斯特不仅没有丝毫畏惧，相反十分机智地利用这个公开的讲坛，大力宣传自己这个发明的重要意义。他充满信心地指着真空三极管说：“历史将证明，我发明了这个‘空中帝国的王冠’。”最后，他终于被宣判无罪释放。

常言道，“坏事也能变成好事”。经过了这样一场官司，无异于让德福雷斯特做了一次免费广告，使他出了名。1906 年 6 月 26 日，他发明的真空三极管获得了专利，后来人们就把这一天当作真空三极管的诞生纪念日。

此后，德福雷斯特首先把三极管用在无线电接收电路中，使通信距离大大增加。不久，三极管又被用在电话增音机上，解决了贝尔电话公司当时正在设计的美国长途电话的关键问题。1910 年，德国科学家发明了分子泵，极大地提高了三极管的真空度，延长了三极管的使用寿命，三极管很快就大批量生产，并被广泛应用到无线电技术的各个领域。到了 1918 年，各种类型的无线电收发报机和电子设备都普遍采用了三极管，使无线电技术发生了根本的变革。日本的一位科技传记作家指出：“真空三极管的发明，像升起了一颗信号弹，使全世界的科学家都争先恐后地朝这个方向去研究。”因此，在一个不长的时期里，电子器件获得了惊人的发展。此后，四极管、五极管、七极管、大功率发射管等，很快就形成了一个庞大的电子器件家族，使无线电通信、无线电广播、电视能够迅速得到普及，并促使电子计算机的发明等。所以，真空三极管的发明称得上是电子科学技术史上一件划时代的大事，它不仅推动了无线电技术的迅猛发展，还奠定了近代电子工业的基础。

各种各样的真空电子管

美国著名物理学家、诺贝尔奖得主 I. I. 拉比曾评价说，在电子管的发明中，特别是三极管“具有像空前的最大发明那样的影响”，它不愧为“空中帝国的王冠”。

27 从研究"死光"到发明雷达

◇ ……

马可尼的无线电通信是电磁波应用的成功典范，后来，雷达的发明又极大地拓宽了电磁波的应用领域。

雷达是外来语，英文全称为"Radio detection and ranging"，意思是"利用无线电波探测物体并判断它的距离或范围"。它的英文缩写是"RADAR"，被译做"雷达"，其字母排列从左到右，或从右到左恰好都是相同的，似乎象征着这种无线电探测装置不仅能发出电磁波，同时还具有接收被目标反射回波的特性。

雷达的发明可以追溯到发现电磁波的反射现象开始，其间经历了几十年，通过不同国家许多科学家的共同努力，才逐步完善起来。

早在1887年德国物理学家赫兹进行电磁波实验时，就已发现电磁波在传播的过程中遇到金属物会被反射回来的现象，只是当初赫兹并没有想到利用这一原理来进行无线电通信。

后来，俄国的波波夫在进行无线电通信试验时，根据船舰能阻挡无线电波的现象，曾设想对海上的航线添置设备，一旦有船舰经过时利用电波就能知晓。可惜，由于当时沙俄政府的愚昧，抱残守缺，他没有条件将自己的设想付诸实践。

1904 年，德国有一位发明家在实验室进行原始雷达的试验，但它的探测距离还达不到声波定位器作用的距离，故没有得到推广。

在第一次世界大战期间（1914—1918），随着军用飞机的出现，一些国家在抵御它的进攻方面遇到了很大的困难，有的科学家便开始研制一种远距离寻找飞机的仪器，但没有取得有效的进展。

1922 年，美国有两位科学家根据波波夫的设想，在华盛顿附近的河畔两侧安装了电磁波发射机和接收机，当有船只经过时，信号被阻挡中断，航站立即就知道了。这就相当于在海上设置了一道看不见的警戒线。后来，他们由此受到启发，产生了用无线电波寻找障碍物，寻找敌机、敌船的念头，这称得上是有关雷达的初步设想。

1924 年，英国剑桥的物理学家阿普尔顿在进行无线电实验时发现了电离层，说明在距地表 60 千米以上的整个地球大气层都处于部分电离或完全电离的状态，电离层具有反射电磁波的作用。因此，电离层的发现可以说为雷达的出现奠定了基础。

蝙蝠飞行时发出超声波，依靠接收它的反射波，蝙蝠可以确定前方有无障碍物，进而及时调整方向，同时也可以在夜间安全飞行。这个现象也许给科学家对雷达的发明提供了灵感。

蝙蝠飞行的启示

后来，随着对电磁波性质的研究不断深入，人们发现某些波长很短的电磁波能损害人的肌体。于是，又自然地对电磁波产生了一种设想——用它来消灭远处的敌人，甚至幻想用它来击伤或击毁远处敌人的装甲车和飞机。当时，正值第二次世界大战前夕，英国、美国、法国、德国、日本等许多国家都投入大量的人力、物力，希望研制这种被称为“死光”的武器。仅美国麻省理工学院就由五百位科学家和工程师致力于电磁波应用的研究。

可见，在雷达的发明道路上，曾有许多先驱者作出了努力，雷达的发明也就成为许多国家科学家集体智慧的结晶。走在这个研究行列最前面的，世界上第一个真正实用的雷达，人们公认是英国科学家罗伯特·沃森·瓦特发明的。

沃森·瓦特是英国物理学家，出生于1892年。发明雷达期间，沃森·瓦特正担任英国国家物理研究所无线电研究室主任。他原来一直从事着天气和风暴的研究工作，常将无线电波发射到空中，根据被高空中的部分云层的反射从而得到某些有用的气象信息。1931年，英国航空部授命建立由蒂泽德、沃森·瓦特等科学家组成的委员会，开始对"死光"这一课题进行研究。

罗伯特·沃森·瓦特
R. W. Watt
(1892—1973)

1934年，罗伯特·沃森·瓦特在一次和一些科学家对地球大气层进行无线电科学考察的实验中，发现荧光屏上出现了一连串明亮的光点。通过对光点的分析比较，发现它不同于通常被电离层反射回来的无线电信号，这使他感到非常惊讶。后来，经过仔细的研究后他终于明白了，原来这些光点显示的是被实验室附近一座大楼所反射的无线电回波信号。这下，沃森·瓦特异常兴奋了，他从这个实验中立即敏锐地认识到，荧光屏上既然可以清楚地显示被建筑物所反射的无线电信号，那么，对于空中的飞机等活动目标，应该也可以得到反映。看来，要想依靠某种电磁波击毁远处的飞机或击毙飞行员是不可能的，但利用无线电波早早地发现远处敌人的飞机应该是完全可能的。

从希望击毁飞机转变到极早发现飞机，沃森·瓦特就这样转变了研究问题的方向。他沿着这个思路，在委员会的支持下，终于在1935年发明了一种既能发射无线电波，又能接收反射波的装置，利用它能在很远的距离就探测到飞机，这就是世界上第一台雷达。这台雷达能发出1.5厘米的微波（微波比中波、短波的方向性好，遇到障碍后反射回来的能量大），开始试验时，它能成功地探测到27千米外飞行的飞机。一个月后，经过沃森·瓦特对这台雷达的改进，探测距离达到了65千米，后来又可以达到88千米。接着，他又成功地提高了雷达的输出功率，于是雷达就开始运用于实践。英国政府为了安全和方便，当时称这种雷达为 CH 系统。

1938 年，英国政府将 CH 系统正式安装在泰晤士河口附近，建立起一个对空警戒雷达网。这个雷达网长达 200 千米，天线有 100 米高，能探测到 160 千米以外的敌机。使用中，根据在荧光屏上观察到的反射波可判断敌机所在的方向，根据反射波传回雷达站所用的时间可以计算出敌机的距离。

二战时期英国的地面雷达

在第二次世界大战中，英国凭借雷达网，及时地把敌机的数量、航向、速度和抵达英国领空的时间十分准确地测出来，牢牢把握着制空权。1940 年 9 月间，希特勒命令 500 架战斗机对英国伦敦进行突然袭击，妄图给英国以毁灭性地打击。令德国人意想不到的是，纳粹德国的飞机刚刚飞抵英国领空，就遭受到英国空军的炮火拦截，185 架飞机被击落，损失惨重……英国依靠雷达这个“千里眼”，给希特勒造成极大的威胁。随后，英国海军又将雷达安装在军舰上，这些雷达在海战中也发挥了重要作用。

倒车雷达，是汽车泊车或者倒车时的一种安全辅助装置。当车辆与障碍物达到某一距离时，报警器会发出声音，提醒驾驶员谨慎操作。倒车雷达可以帮助驾驶员克服视野死角和视线模糊的缺陷，提高驾驶的安全性。

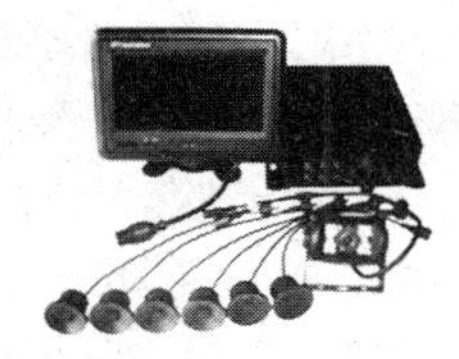

倒车雷达

雷达发展至今，种类越来越多，技术性能也越来越完善。现在，除了军事方面的应用外，还大大扩展到其他许多应用领域。例如，利用雷达对飞机进行导航，测定人造卫星、宇宙飞船等飞行物的速度和轨道，测定水面舰船、陆上目标以及大气中的云雾团等。此外，雷达技术还应用于精密跟踪、导航、测绘摄影、空中交通管制、港口监视、气象预报、资源勘探、天文学、宇宙航行等领域。雷达还可用于查找地下 20 米深处的古墓、空洞、蚁穴等。随着科学技术的进步，雷达的运用也越来越广泛。

28 第一位诺贝尔奖得主

◇ ……………………

当世界沉浸在电磁波应用的一个个发明中时，进入世纪之交的三大发现——X 射线、放射性和电子的发现，又把人们的热情引入到了微观领域。

X 射线是德国物理学家伦琴发现的。

伦琴
W. K. Rontgen
(1845—1923)

伦琴 1845 年 3 月 27 日出生在德国的莱内普。3 岁时，全家迁到荷兰。1868 年毕业于苏黎世联邦工业大学机械工程系。1969 年从苏黎世大学获得哲学博士学位，并担任了物理学教授孔特的助手。他听取了孔特的指点转攻实验物理学，很快，他就在对气体的研究上作出了成绩。以后，他辗转几所大学，继续着对有关气体和晶体方面的研究。伦琴对实验情有独钟，具有非凡的动手能力和高超的实验技能。到了不惑之年的时候，他已经成为物理测量技术方面的权威。1888 年伦琴被聘为德国维尔茨堡大学新成立的物理研究所所长兼物理学教授。1894 年被任命为维尔茨堡大学校长。

从 1895 年 10 月起，伦琴开始把注意力逐步转移到当时许多科学家关注的阴极射线的研究上。也许伦琴也没有料到，这一次研究方向的转移成就了他一生中最伟大的发现。

阴极射线是德国物理学家普吕克在 1858 年发现的。他利用感应圈在低压气体放电管上加以高电压，发现从管的阴极会发出一种射线，后来就把它称为“阴极射线”。

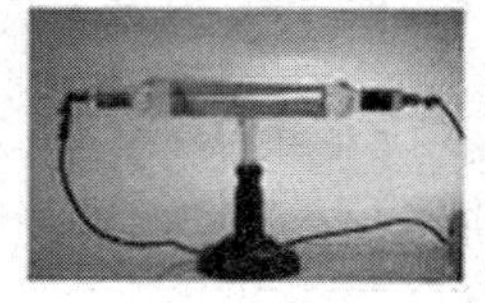

阴极射线的产生

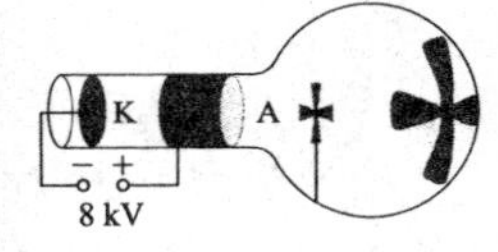

阴极射线的传播特点——在障碍物后能形成阴影

阴极射线的产生与传播

1895 年 11 月 8 日的傍晚，伦琴像往常一样进行真空放电实验。这次他选择了一支梨形放电管，为了防止外界对放电管的影响，也为了不使管内可见光漏出管外，他用黑纸把放电管严密地包裹起来，并关闭了所有的门窗，想在暗室里检验一下包有黑纸的放电管是否漏光。当他接通高压电源时，意外地发现了一个奇异的现象：在 1 米以外的工作台上出现了淡绿色的闪光。他起初以为是放电管没有包裹好，仔细检查后再次接通电源时，使他大为震惊的是，淡绿色的闪光是从工作台上不远处的荧光屏上发出来的。出于科学家职业的敏感性，他顾不上回家，又全神贯注地重复着刚才的实验，并一次次地把荧光屏逐渐移远，直到离开放电管 2 米远，仍然可以看到绿光。

伦琴欣喜地意识到，他可能发现了一种新的射线。因为科学家早已在实验中证实，阴极射线在空气中只能穿越几厘米，绝不可能在 1、2 米远处还能闪光。他随手拿起一本书插在放电管和荧光屏之间，发现屏上仍然有闪光，说明这种射线能够穿透书本。接着，他又用其他一些物品做试验。他发现，这种人眼看不见的射线能够穿透 2、3 厘米厚的木板，几厘米厚的橡胶板，15 毫米厚的铝板等，但是用一块 1.5 毫米厚的铅板却几乎能够完全把它挡住。可见，这种射线对不同物质的穿透能力是不同的。后来，当他继续用铅板进行实验时，无意中自己的手把射线挡住了，他惊异地看到，自己的手出现在荧光屏上的竟然是一个只有骨骼的像。

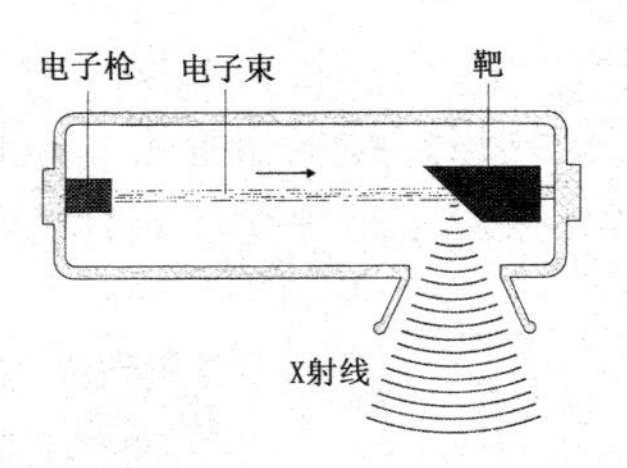

在真空管的两极间加上高电压，从阴极会发出 X 射线。

实验室中产生伦琴射线的方法

伦琴按捺不住激动的心情，连忙写信告诉自己的良师益友——孔特教授。他在信中说："我高兴极了！……我终于发现了一种光，我也不晓得是什么光……无以名之，就把它叫做 X 光吧。"后来，这个名字就一直沿用了下来。

为了进一步研究 X 射线的性质，在以后连续 7 个星期的时间里，伦琴独自吃住在实验室，紧张地进行着反复的研究。因为当时的放电管性能比较差，工作较短的时间后就不能用了，需要再恢复真空，因此做一次实验往往要花费很多时间。12 月 22 日，伦琴的夫人到实验室来，伦琴就请她充当实验的对象。他让夫人把手放在黑纸包裹的照相底片上，然后用 X 射线对准手照射了 15 分钟，显影后，底片上就呈现出伦琴夫人的手骨像，手指上戴着的一枚结婚戒指也清晰可见。这是具有历史意义的世界上第一张 X 光照片。

1895 年 12 月 28 日，伦琴向维尔茨堡物理医学协会提交了一篇论文，将他一个多月来对新射线性质的悉心研究做了总结。在这篇论文中，伦琴正式公开了 X 射线这个名称。

1896 年元旦，伦琴将他的论文和用 X 射线拍摄的第一批照片的复制件（包括伦琴夫人的手骨像等），寄给了著名的物理学家玻尔茨曼、开尔文、彭加勒、斯托克斯等人。1 月 4 日，在柏林物理学会的一次会议上展出了这些照片。维也纳《新闻报》立即在头版以"耸人听闻的发现"为题，率先作了报道。

由于 X 射线是人类历史上发现的第一种"穿透性射线"，它能够使人们看见隐蔽着的物体，这种神奇的特性引起了人们极大的兴趣。

1896 年 1 月 13 日，伦琴被召到柏林皇宫，他在德国皇帝和宫廷上层人士面前作了关于新射线的报告，并做了一些实验。接着，他又在维尔茨堡研究所的大厅里向物理学界和医学界的人士作了一次报告。此后，立即掀起了一股研究X射线的热潮，一些科学家很快就拍摄了许多X射线的照片。几个星期后，医学家就应用X射线准确地显示了人体内断骨的位置。X射线很快被正式应用到临床医学上，用来检查人的骨、肺等方面的疾病，使成千上万的病人得到及时发现和治疗。伦琴的发现像一股旋风很快就吹遍了全世界，吸引了全世界科学家的注意力。

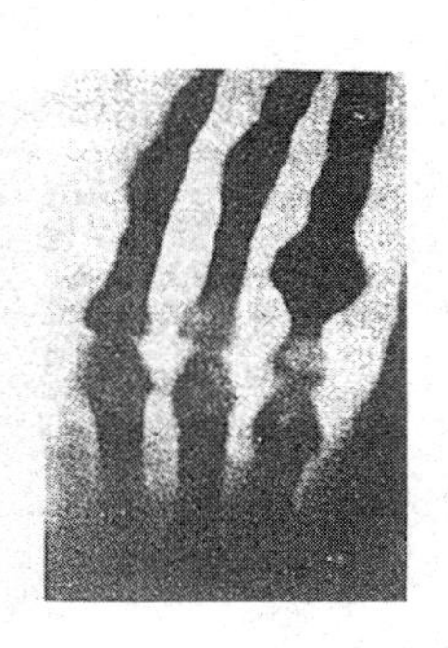
伦琴夫人左手的X光照片

如果有人认为伦琴是交了好运，“偶然”撞见了X射线，那他就大错特错了。事实上，在伦琴之前，有好几位优秀的科学家在自己的实验中跟X射线擦肩而过。例如：

1880年，德国物理学家哥尔茨坦在研究阴极射线时，就已经发现管壁上会发出一种特殊的辐射，但他误认为这是表明阴极射线是一种波的证据。

1887年，英国物理学家克鲁克斯发现放在阴极射线装置附近的照相底片莫名其妙地变得模糊不清了，他误以为底片的质量有问题，还向厂家要求退货。后人戏称克鲁克斯是“退掉第一枚诺贝尔物理学奖”的科学家。

1890年，美国的古德斯毗和金宁斯在宾夕法尼亚大学做电火花实验时，意外拍摄到圆盘的X射线照片，但没有能够解释这个奇怪的效应，就把底片跟其他废片放在一起处理掉了。

1893年，德国物理学家勒纳德从实验中就已知道这种射线的感光效应，还得到了一张几乎与伦琴拍摄的照片完全相同的阴影照片，可是他并没有意识到这一事实的真正含义。

1894年，英国物理学家汤姆孙在测定阴极射线的速度时，曾作了观察到X射线的记录。可惜由于他当时正专注于阴极射线性质的研究，没有工夫去关注这一偶然现象。

当时的一幅关于 X 射线的漫画——X 射线作用下的人们在海边跳舞

因此，伦琴发现 X 射线的偶然性背后，是有他个人的知识经验、科学素养、实验技巧和研究风格为基础的。

德国著名物理学家劳厄在评价伦琴的成就时说："这种向完全未被研究的领域进军，除了敏锐的目光以外，还要求巨大的勇气和自制力。"

伦琴的发现有着重大的意义，它打破了物理学已经发展到顶点的神话，激起了人们去进行新的探索和发现的巨大热情。自从发现 X 射线后，一系列具有划时代意义的新发现接踵而来，从而揭开了人类研究微观世界的序幕。它的影响并不局限在物理学内，还波及化学、生物科学、医学等众多领域，并由此诞生出许多新的研究课题。因此，人们把 X 射线的发现称为"吹响第二次科学革命的号角"，它开辟了一个新的科学技术的时代。

诺贝尔奖章

伦琴也因这一重大的发现，当之无愧地荣获首届诺贝尔物理学奖。

29 撞上坏天气的发现

◇ ………………

X射线的发现像一股强烈的旋风，几乎席卷了全世界，引起了公众无比的兴趣，更激起了科学家继续探索的热情和理性的思考：X射线究竟是怎样产生的？也正是在这样的探索和思考中，又迎来了贝可勒尔的一个新的伟大发现。

贝可勒尔于1852年12月15日出生在巴黎。他的祖父和父亲都是科学家，称得上是研究荧光和磷光的世家。中学毕业后，他先进入法国工业大学，后转入桥梁建筑学院，分别取得工程师资格和博士学位。1889年被选为法国科学院院士。从40岁起，他就继承祖父和父亲的事业，主持巴黎自然历史博物馆的应用物理学讲座。

贝可勒尔
A. H. Becquerel
(1852—1908)

1896年1月20日，法国著名科学家彭加勒在巴黎科学院作了伦琴发现X射线的报告，展示了伦琴寄给他的一些X射线的照片，引起许多法国同行的浓厚兴趣。贝可勒尔曾经向彭加勒仔细询问了发出X射线的部位。彭加勒回答说，这一射线似乎是从阴极对面发荧光的那部分管壁上发出的。会上，彭加勒还向法国物理学家提出了一个很具有挑战性的问题：是否大多数荧光物质在太阳光的照射下都会发出类似于 X 射线那样的射线呢？

贝可勒尔从 1895 年起，就一直在研究由硫化物和铀的化合物产生的磷光现象，因此对于彭加勒所提出的问题，相比于其他科学家有着更为得天独厚的研究优势。他立即非常敏感地联想到：X 射线与荧光之间可能存在着某种关系，并认为，可能还有其他物质也会发出跟 X 光类似的射线。于是，在彭加勒作报告的第二天，他就设计并进行实验。

他用黑色厚纸严密地包好照相底片，使其不受阳光作用，但可受到 X 射线作用，再在纸包上放置荧光物质。贝可勒尔猜想：如果荧光物质可以产生 X 射线，那么底片上将留下明显的痕迹。

开始时，贝可勒尔的实验并不顺利，实验结果都表明荧光物质不会产生 X 射线。后来，他选取其父亲研究过的一种磷光物质——铀盐（硫酸铀酰钾）进行实验。他仍然像以往那样，用两张厚黑纸严严实实地包好一张照相底片，在底片上放置两小块铀盐，其中一块铀盐和底片之间放了一个银元。然后，把它们放在阳光下暴晒几小时。底片冲洗出来的结果跟预料的一样，非常令人满意，底片上留下了银元的像。

贝可勒尔认为，这是由于铀盐在太阳光作用下放出了 X 射线，它穿过黑纸，使照相底片感光。于是，他又在磷光物质和纸之间放一块玻璃进行试验，后来又改用反射光和折射光进行试验，都得到了同样的结果。贝可勒尔很高兴，认为已经能够圆满地回答彭加勒的问题了，因此在 1896 年 2 月 24 日向法国科学院提交了一篇名为《论磷光辐射》的报告。他在报告中指出："磷光物质射出能穿透不透光的纸的辐射。"

接着，贝可勒尔打算继续他的实验，以便在下次的科学院例会上提出正式报告。然而天公不作美，从 2 月 26 日起，巴黎的天空一直阴云密布，太阳整天不肯露面。贝可勒尔无法进行实验，只得将用黑纸包好的铀盐与底片一起放在抽屉里。直到 3 月 1 日，天气才好转，他打算继续进行实验了。

贝可勒尔的新发现

贝可勒尔是个非常细心的人，他生怕在这几天中照相底片产生问题，因此在继续实验前先冲洗了其中的一张，打算先检查一下底片的质量。不料，这一冲洗却让他发现一个令人吃惊的现象：原来被严严实实包裹好的底片，已经明显地被感光了，上面铀盐包的轮廓清晰可见。

面对着这一出乎意料的现象，经验丰富的贝可勒尔马上意识到这种使照相底片感光的射线与太阳的照射及磷光都无关，应该是铀盐本身发出的某种特殊形式的荧光。第二天，他就在科学院举行的例会上公布了这一重要的发现。这种“特殊形式的荧光”，当时被称为“贝可勒尔射线”。

后来，贝可勒尔又作了进一步的研究，他发现铀盐发出的这种射线不仅能使照相底片感光，还能使气体电离。他通过使铀硝酸盐处于溶液中或结晶后的研究，发现这时的铀盐虽然不再发出磷光，但是仍然能够发出这种射线。而且，在通常光线照射下本来不会发出可见磷光的铀盐，也能发出这种不可见的神秘射线。这一年5月，他又发现纯铀金属板也能产生这种辐射，而其他的矿物，即使是发出极强荧光的物质，也不能使底片感光。面对这些新的实验事实，贝可勒尔恍然大悟，原来只有铀的存在才是使这些盐类发出神秘射线的真正原因！

贝可勒尔发现的铀射线，当时虽然没有像伦琴发现X射线那样在社会上产生轰动效应，实际上同样具有重大的意义。这是人类首次发现的一种天然放射现象。在这以前，科学家们坚信原子是最小的、不可再分割的粒子。现在，铀原子却可以放射出一种射线来，迫使人们对原子的不可分割性产生怀疑，称得上是跨出了通向原子核研究的第一步。后来，在贝可勒尔发现的启示下，许多科学家迅速投入到对放射性领域的研究中去，并很快取得了一系列重大成果。

为了表彰贝可勒尔的重大贡献，在1903年，他和居里夫妇共同获得了诺贝尔物理学奖。

30 给原子切了第一刀

◇ ……………………

贝可勒尔的发现直接撼动了人们千百年来对原子不可分割的信念。1897 年，汤姆孙首先在原子身上切了第一刀，发现了比原子更小的宇宙之砖——电子。

汤姆孙是英国物理学家，1856 年 12 月 18 日生于英国的曼彻斯特。他从小就养成了认真读书的好习惯，14 岁进入曼彻斯特大学，21 岁时被保送到剑桥大学三一学院深造，并以第二名的优异成绩取得学位，两年后又被任命为大学讲师。那时，他在数学和物理学的研究方面已经取得不少成果。

汤姆孙
J. J. Thomson
（1856—1940）

1884 年，剑桥大学卡文迪许实验室主任瑞利因健康原因辞职。瑞利慧眼识才，推荐当时年仅 28 岁的汤姆孙接任卡文迪许实验室主任和物理学教授的职位。虽然当时曾使许多人感到惊奇和不安，但后来的事实证明瑞利的决定非常英明。

当时物理学界的一个热点，是关于阴极射线性质的争论。以德国物理学家赫兹为主的多数德国物理学家认为阴极射线是一种电磁波；以英国物理学家克鲁克斯为主的一批英国和法国物理学家坚持阴极射线是一种带电的粒子流。于是，围绕着阴极射线究竟是波还是粒子的问题，在欧洲展开了一场大争论。最后，被汤姆孙通过精确的实验一锤定音。

汤姆孙的一系列实验，主要可以概括为以下几方面：

（1）测出阴极射线在低压气体中的传播速度是 1.5×10^5 m/s，它远低于光速，因此否定了阴极射线是电磁波的说法。

（2）改进了法国物理学家佩兰的实验，确定阴极射线是由带负电的粒子组成的，并成功地用静电场方法使阴极射线发生偏转，这对确认阴极射线的粒子性起了决定性的作用。

（3）汤姆孙分别运用热学方法和电场、磁场偏转法等不同方法，通过实验算出阴极射线粒子的电荷与质量的比值（比荷）。然后通过跟用电解方法得到的氢离子的比荷进行比较，断定阴极射线是由一种质量还不到氢离子质量千分之一的微粒组成的。

后来，美国物理学家密立根在1913—1917年间，通过精密的油滴实验，测得其质量为氢离子的1/1836。

1897年4月30日，汤姆孙向英国皇家学会报告了这一成果，证明在物质内部存在着比分子小得多的带电粒子。后来人们就把组成阴极射线的粒子称为电子，1897年也就成为电子诞生的一年。

随后，汤姆孙又广泛研究了其他许多现象，如光电效应现象、灼热金属发出的带电粒子流、热电子流、β射线等，以大量的实验证明了不论是阴极射线、β射线，还是光电流或灼热金属发出的带电粒子，它们都是同一种粒子——电子。电子的发现也使电本性的真相大白于天下——所有电现象都是由于电子的重新分布或是电子的运动产生的。

汤姆孙用静电场使阴极射线偏转的实验装置如图所示。射线从阴极 C 发出，穿过阳极 A 和另一道狭缝 B 后，从两块平行铝板 D、E 间通过，可以在管端产生轮廓清晰的荧光斑。通过刻度尺就可以测出荧光斑的偏转量。

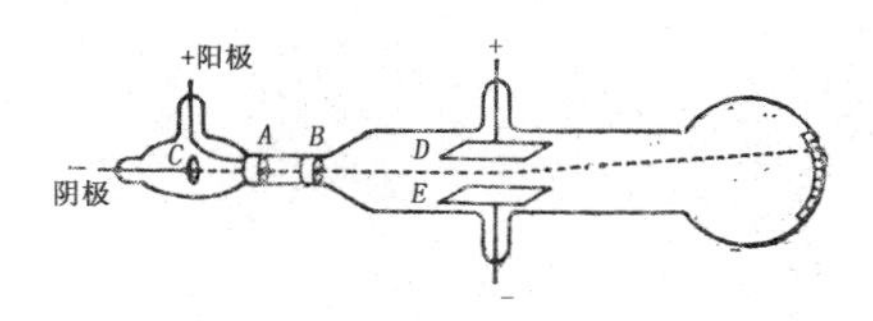

汤姆孙研究阴极射线的静电偏转实验

从历史的角度来说，虽然在汤姆孙的研究之前，有多位物理学家做了不同的努力，也曾取得不少积极的成果。不过，这些物理学家由于受到传统思想的束缚，对一些新现象认为不可思议，甚至没有勇气发表出来，因此，这个伟大的发现被轻易地错过了。汤姆孙不仅坚信“阴极射线是粒子流”的观点，而且设计了一系列巧妙的实验，取得了令人信服的成果。因此，人们公认他的成就是最大的，他当之无愧地应该被称为“电子的发现者”。

汤姆孙的发现，粉碎了原子不可分割的神话。说明原子并不是组成物质的最小微粒，电子是比原子更基本的物质单元，是更小的宇宙之砖。电子的发现标志着科学的一个新时代的开始，所以人们称颂他是“一位最先打开通向基本粒子物理学大门的伟人”。1906年，汤姆孙荣获了诺贝尔物理学奖。

31 从几吨到 0.12 克

◇

贝可勒尔对铀射线的意外发现，直接引发了年轻的居里夫人浓厚的兴趣，并最终使她成为一门新学科——放射科学的带头人，两次荣获诺贝尔奖。

居里夫人（玛丽·居里）是法籍波兰人。1867 年 11 月 7 日出生于波兰华沙的一个知识分子家庭。她从小就酷爱学习，16 岁时以获得金奖章的优异成绩从中学毕业。当时波兰的华沙在沙俄统治下，不允许女孩子考大学，同时她的大姐和母亲相继去世，家境陡然变得更加困难，她只能辍学在家。后来，她先后做了 6 年家庭教师，以俭朴生活所节省下来的钱，支持二姐去法国学医。等到二姐毕业，在巴黎当了医生后，1891 年，她考入巴黎大学理学院，开始深造。

玛丽·居里
Marie Curie
(1867—1934)

玛丽在巴黎的留学生涯同样十分艰苦。她在学校附近租了一个很小的阁楼，没有灯，没有水，没有取暖的火炉，只在屋顶开了一个小窗。到了冬天，在冷得实在无法入睡时，她就把所有的衣服都穿在身上，有时还把椅子压在被子上帮助御寒。尽管学习条件十分艰苦，但她的学习成绩却始终名列前茅。1893 年，她以第一名的成绩毕业于物理系，第二年，又以第二名的成绩毕业于数学系。

玛丽获得硕士学位后，来到李普曼教授的工作室。后来，在工作中认识了有着“实验物理大师”美称的法国青年物理学家皮埃尔·居里。

当贝可勒尔发现铀射线的消息传来时，玛丽和居里新婚不久，正在攻读博士学位。她立即对这种新射线产生了浓厚的兴趣，决定选择这个困难而陌生的问题作为她的博士论文课题，并满腔热忱地投入到对新射线的研究中去。

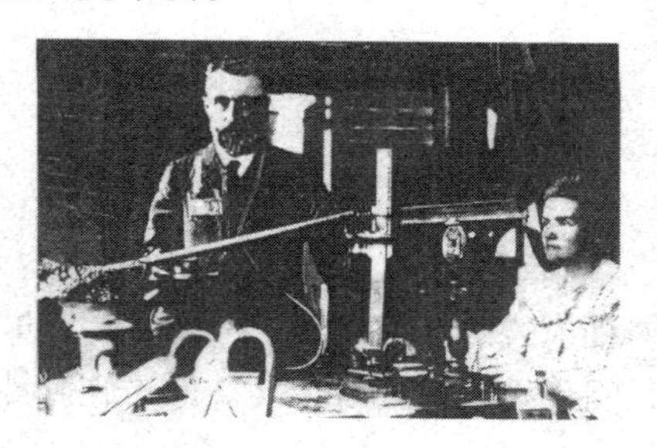

居里夫妇在实验室里工作

居里夫人在丈夫工作的学校的储藏室里开始了自己的实验。1898 年初，已经得到第一批很有意义的成果。她发现钍和它的化合物也像铀一样能够发出射线。接着，她通过实验测出了它们的辐射强度，发现该强度都只与化合物中铀或钍的含量成正比，与它们的化合情况、物理状态无关。这个事实意味着，铀元素和钍元素发出的这种射线都是原子自身的一种特性，是由原子内部产生的。居里夫人通过这一系列实验，最先对原子的放射现象有了认识，因此她建议把原子能自发地发出射线的这种现象称为“放射性”。1898 年 4 月，她向巴黎科学院提交了研究报告。

在实验取得初步进展的基础上，居里夫人又将实验的目标从铀和钍的化合物扩大到对各种自然矿石的分析，意外地发现一些沥青铀矿石的放射性强度竟然比纯的氧化铀强很多倍，这个现象使她非常吃惊。后来，她通过许多次的仔细测量后，作出了一个十分大胆的猜想：沥青铀矿石中一定存在着某种新的放射性元素。

居里夫人的这个大胆猜想虽然遭到一些科学家的嘲笑和攻击，但是，她丝毫也没有动摇坚定的信念。她的丈夫皮埃尔意识到这项工作的重大意义，于是放下自己对晶体的研究，和她一起投入到对新元素的探索中去。经过许多个日日夜夜，他们的努力终于有了结果，在1898年7月，他们首先找到了一种比铀的放射性强400多倍的新元素。7月18日，他们向法国科学院作了报告，为了纪念她的祖国——波兰，他们建议把这种新元素叫做“钋”。

不过，钋的发现并没有使居里夫妇感到满足，因为它的放射能力还不够强，并没有达到他们预期的目标。于是，他们继续着对未知世界中新元素的寻找。终于在1898年12月得到少量的不很纯净的白色粉末。这是一种具有“前所未闻”的更大放射强度的新元素，在黑暗中闪烁着白光，他们把它命名为“镭”——拉丁文是“放射”的意思。

在短短的几个月中，居里夫妇发现了两种新元素，这实在是一件惊人的大事，立即引起了科学界的轰动。不过，也有一些科学家持怀疑态度，认为必须测定了相对原子质量，才能证实镭的存在。于是，居里夫妇又开始了更为艰巨的对镭的提纯工作。

居里夫人在观察样品

当时，他们没有足够的经费去购买昂贵的含有镭的沥青铀矿石，只能去买一些沥青铀矿矿渣。没有实验室，皮埃尔向他工作的学校借了一间破旧的木棚。这间木棚过去是医学系的尸体解剖室，下面是泥地，夏天热得难受，冬天又冷得出奇。居里夫妇就在这样一间破旧的木棚内，在极为简陋的实验条件下，踏上了艰苦的征途。

那时的人们常可以看到，居里夫人在院子里亲自用一根与她身高差不多高的铁棒搅拌着一锅沸腾的液体。她忍受着加热时释放的有害气体和烟雾的强烈刺激，日复一日地工作着。她的双手由于镭射线的强烈照射而变得十分粗糙，有时还裂口出血。然而这一切困难都丝毫没有动摇他们分离镭的决心。

居里夫妇当年工作的实验室非常简陋

从1899年至1902年3月，经过整整3年半时间繁重而艰苦的探索，最后才从8吨沥青矿渣中经过5600多次的结晶，终于提炼出0.12克氯化镭，并且测出了镭的相对原子质量为225，其放射性强度是铀的200万倍。

人们不难想象，要从几吨矿物残渣中提炼到最后仅剩下零点几克的物质，这需要多么坚强的意志和毅力，需要付出多么艰苦和细致的劳动！爱因斯坦曾高度评价："这样的困难，在实验科学的历史上是罕见的！"

从此，化学家们也都确信无疑。镭作为第88号元素正式列入元素周期表的行列中去了。

镭的发现具有极为重大的意义。它不仅第一次证明了原子会放射出更小的粒子，并且迅速促进了人们对放射现象的研究。镭的发现也对医学产生了重大的影响。很快，镭射线的生理效应被证实，使放射医疗迅速地成为医学上的一个重要的分支。从对镭的放射现象的研究中，人们初步认识到原子蜕变时会释放能量。可以这么说，居里夫妇发现镭以后，就预示着原子能时代的到来。

1903年，居里夫妇和贝可勒尔一起分享了这个年度的诺贝尔物理学奖。居里夫人成为有史以来第一位获得诺贝尔奖的女子。1911年，她又因在放射化学方面的重大成就，获得了诺贝尔化学奖，成为科学史上最杰出的女科学家。

居里夫人赢得了全世界人民的尊敬。

32 化解了物理学上空的一朵乌云

◇ ……………………

从1895年起，连续三年中X射线、放射性和电子的发现，宛如在物理学舞台上演出了一幕幕送别旧世纪的大戏，激动人心，甚至使许多物理学家都陶醉了。当时，大多数物理学家都认为，物理学的基本问题已经研究清楚了。因此，在进入20世纪第一个春天的时候，英国著名物理学家，享有“开尔文勋爵”称号的威廉·汤姆孙在新年致辞中说：“在已经基本建成的科学大厦中，后辈物理学家只能做一些零碎的修补工作了。”不过，他也承认：“在物理学的晴朗天空的远处，还有两朵小小的、令人不安的乌云。”其中的一朵乌云，就是关于黑体的热辐射实验。然而，谁也想不到的是，普朗克为化解这朵乌云提出的量子说，竟然引发出对经典物理学的一场彻底的变革！

普朗克是德国理论物理学家，1858年4月23日生于德国的基尔。他在少年时期，就表现出很高的天分，特别爱好音乐和数学。

1874年10月，普朗克考入他父亲工作过的慕尼黑大学，主攻数学和物理学。后来，又转入柏林大学。在这所大学里，他深受当时著名的物理学家亥姆霍兹和数学家魏尔斯特拉斯的影响，虚心向他们学习。

普朗克
M. K. E. L. Planck
(1858—1947)

大学毕业后，他在马克西米连大学预科学校教数学和物理，同时专注于热力学的研究并取得博士学位。1888 年，他应聘去柏林大学接替基尔霍夫的职位，没过几年就晋升为教授，并被选为普鲁士科学院物理数学部的学部委员（相当于院士）。

普朗克从做博士论文起，一直在理论物理的崎岖山路上攀登，尤其对热力学理论，有着非常深厚的功底。当时关于黑体热辐射理论的困难，自然引起普朗克极大的兴趣。

所谓热辐射，就是一个物体受热后向外辐射能量的过程。实验表明，随着物体温度的升高，物体发光的颜色会由暗红渐渐变为橙红，直至白色，物体放出的热量也越来越多。这说明，物体的温度越高，光谱中最强的辐射的频率也越高，因而其颜色也由“红”最后变“蓝”。武侠小说中常用“炉火纯青”形容一个人武功高强。实验也表明，同样温度下不同物体发光的颜色和亮度也不同，这就是说，一定温度的炽热物体所辐射光谱的频率分布和强度各不相同，依赖于它的组成材料。

1859 年，德国物理学家基尔霍夫得到一个重要的结论：物体热辐射的本领越强，它的吸收本领也越强。为了便于研究，基尔霍夫后来又引入一个叫做“绝对黑体”的概念——在任何温度下都能全部吸收落到它上面的一切辐射的物体。当然，“绝对黑体”只是一个理想模型，跟物理学中的质点、点电荷等物理模型一样，在自然界中并不存在。不过，通过对绝对黑体的研究，可以有助于了解接近绝对黑体的各种实际物体的辐射特性。因此，对黑体辐射的研究有着很重要的意义，许多物理学家都在做着实验和理论的探索。

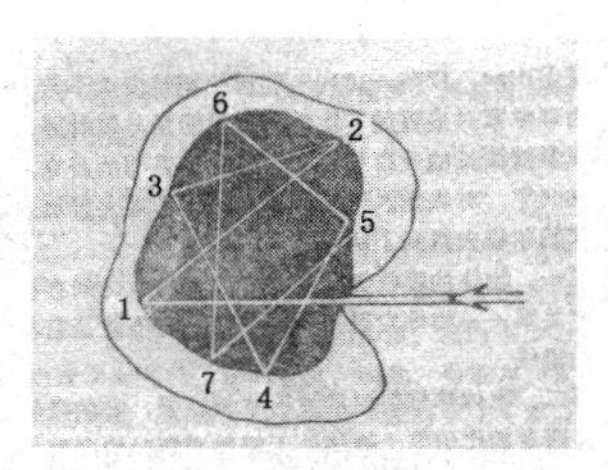

一个内壁涂黑、开有小孔的空腔，当外界光线射入这个空腔后，在内壁各处反射，泄露出去的光很少。这样的一个空腔，就可以看成是一个“绝对黑体”。

绝对黑体

有趣的是，科学家在对于绝对黑体热辐射特性的研究中，得到了两种难以协调的结果：德国物理学家维恩在1893—1896年间找到的公式，仅在波长较短的区域与实验结果相符，在波长较长的区域与实验结果有明显偏差；英国物理学家瑞利和金斯在1900年找到的公式，则在波长较长的区域与实验结果相符，在波长较短的区域非但不相符合，还会随着波长的缩短，出现辐射强度无止境地增大的现象。荷兰物理学家埃伦菲斯特把波长短的紫外区出现的这种发散现象称为“紫外灾难”。这个实验的困难就成为物理学天空上的一朵乌云。

普朗克从1894年起，就把注意力转移到对黑体辐射问题的研究上。他通过对维恩和瑞利—金斯的两个公式仔细考察后，凭借自己对热力学研究的丰富经验和扎实的数学功底，娴熟地用内插法将这两个公式结合起来，得出了一个新的公式。

1900年10月19日，在德国物理学会议的专题报告中，普朗克公布了这个新公式。当晚，物理学家鲁本斯就把自己精确测定的实验结果跟这个新公式作了仔细的比较，他发现无论是长波段还是短波段都惊人的一致。第二天早晨，鲁本斯兴冲冲地把这一结果告诉了普朗克，并且深信在这个新公式中应该孕育着极其重要的真理，绝对不是一个偶然的巧合。鲁本斯的验证和这一番意味深长的话，使普朗克受到很大的鼓舞。于是，他下定决心，要设法寻找出隐藏在这个新公式后面的物理意义。

普朗克经过艰苦的思索和理论推导，连续紧张地工作了两个月。他发现，要对自己的新公式作出合理的解释，必须引入一个跟经典物理学观点完全不同的全新的假设：物体辐射和吸收的能量不是连续的，而是一份一份的。这个最小的、不可分的能量单元，普朗克称它为能量子。这个能量子的大小跟物体辐射的频率有关，频率越高，这个能量子的能量也越大。按照这样的新观点，在两种极限情况下，普朗克的新公式就可以转化为维恩公式或瑞利—金斯公式。

这样，普朗克就用他的能量子巧妙地化解了长期以来存在着的“紫外灾难”，成功地驱散了物理学上空的这朵乌云。

1900 年 12 月 24 日，在西方热热闹闹的圣诞节前夕，普朗克在德国物理学年会上宣读的论文中公开了这个能量子假设。这一日，就被看做是量子说的诞生之日而被光荣地载入史册。

普朗克的观点真是太新奇了！千百年以来，人们总是认为一个物体向外散发热量（或吸收热量）是一种不间断的、连续的过程，有谁会想到它竟会是分立的、跳跃式的、一份一份地向外辐射（或吸收）呢？

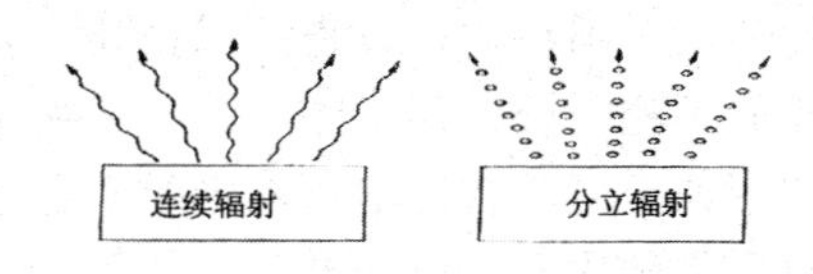

热辐射的两种观点

量子说的创立是 20 世纪物理学中的重大进展。量子概念是近代物理学中最重要、最基本的概念。它使建立在连续概念基础上的经典物理学发生了一场彻底的变革，是划时代的科学丰碑。爱因斯坦说：“普朗克的发现是 20 世纪物理学的起点。”它仿佛给科学提供了一把金钥匙，从此，人们用它可以顺利地打开微观世界奥秘的大门。1918 年，普朗克荣获诺贝尔物理学奖。1930 年，他被任命为德国威廉大帝科学研究会会长，这是德国最高的学术职位之一。

普朗克始终很谦逊。1918 年 4 月，德国物理学会为他的 60 寿辰举行庆典时，普朗克在答谢词中说道：“试想有一位矿工，他竭尽全力地进行贵重矿石的勘探。有一次，他找到了天然的金矿脉，而且在进一步研究中发现它是无价之宝，比先前所可能设想的还要贵重到无限的程度。假若不是他自己碰上了这个宝藏，那么，无疑的，他的同事也会很快地幸运地碰上它。”

33 涅槃凤凰再飞翔

◇

普朗克通过对热辐射的研究提出了量子说，5 年以后，直接催生出爱因斯坦的光子说，后者圆满地解释了光电效应现象。

爱因斯坦是犹太民族伟大的物理学家。1879 年 3 月 14 日出生在德国南部乌耳姆城一个修理电气的小业主家里。小时候，老师常说他智力偏低。在中学读书时，除数学外，历史、地理和语文成绩都很差。16 岁时中学毕业后，经补习一年才考取瑞士联邦工业大学。毕业后经朋友介绍进入瑞士伯尔尼专利局，当上了一名专门审查专利申请的三级技术员。

爱因斯坦
A. Einstein
(1879—1955)

爱因斯坦的特点是从小就表现出对自然的好奇、专注和喜欢独立思考的可贵品质。他喜欢根据自己的爱好来学习，不受学校里呆板的课程安排的束缚。他在中学时就自学了解析几何和微积分，大大超过学校的要求。他对光电效应的思考，正是这种可贵品质的成功表现。

所谓光电效应，就是指金属板在光照下能发射电子的现象。早在 1887 年，德国物理学家赫兹在研究电磁波的发射和接收的实验时，无意中发现，用紫外光照射火花间隙的负极时，会发生放电现象。1897 年，英国物理学家汤姆孙测定了从锌板放出的这种粒子的电荷与质量的比值，肯定它们就是组成阴极射线的这种粒子，也就是现在所说的电子。

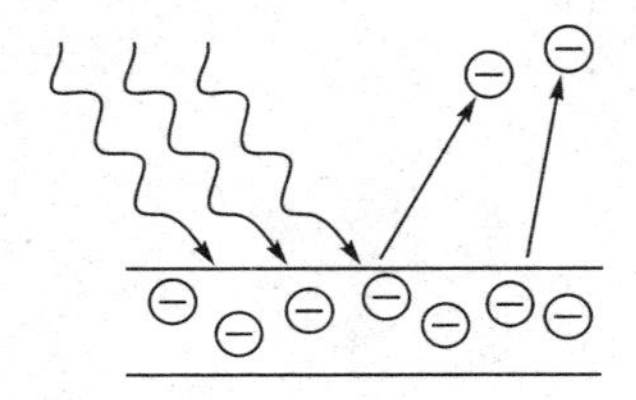

光电效应示意图

后来，赫兹的助手、德国物理学家勒纳德首先把金属受光照射后发生的这种现象称为光电效应。他通过一系列的实验研究，发现了光电效应的一些有趣的特性。例如：

只有当光的频率高于某一定值时，才能从某一金属表面打出电子；

被光照后打出的电子的能量（或速度）只与照射光的频率有关，且随着照射光频率的增大而增大，而与照射光的强度无关；

被光照后打出的电子数量只与光的强度有关，而与光的频率无关；

金属表面一经光照，立即有电子逸出，似乎没有一段延迟时间（后来实验中测定，至多为 10^{-9}秒）。

按照经典物理学的波动理论，光的能量由光的强度决定，而光的强度又是由光的振幅决定的，跟频率无关。犹如人们讲话（或敲鼓），声带（或鼓面）的振动幅度大，发出的声音就大（声音的响度大），而跟发声的频率无关。在光电效应中，如果要求表面的电子能够挣脱金属离子的束缚，必须要给予它一定的能量。因此，不论光的频率如何，只要光的强度足够大，或照射的时间足够长，就应该有足够的能量可以产生光电效应。并且，从光照射金属表面起，至金属表面发射电子，应该有一个积累能量的过程，不可能在瞬间发生。

勒纳德总结的光电效应实验规律使经典物理学深深地陷入了困境，无疑是对刚完善的光的波动说的沉重一击。在此，让我们稍稍回顾一下历史。

我们知道，在对于光的本性的认识上，从 17 世纪 70 年代后期开始，就产生了以牛顿和惠更斯两大物理学家为首的激烈争论。最终，由于牛顿的微粒说比较简单，能通俗地解释常见的光现象，以及牛顿在学术界的崇高威望，微粒说占了上风，在光学舞台上称雄整个 18 世纪。到了 19 世纪初，英国物理学家托马斯·杨巧妙地设计了一个干涉实验，重新使波动说迎来了复兴的春天。后来，通过法国物理学家阿拉果、菲涅耳等对波动理论的创造性工作，终于使得光的波动理论逐渐被科学界所承认。到了 19 世纪 60 年代，麦克斯韦创建了电磁场理论，把光统一到电磁波的大家族里，完成了物理学史上第三次大统一。此后，物理学家都欣喜无比，近两百年来有关光本性的反反复复的争论终于落下了帷幕，经典物理学的波动理论得到普遍的认可。

哪里想到，现在又冒出这么一个有着怪里怪气特性的光电效应，它的行为完全背离了经典波动理论，让原本已经很完美的物理学又陷入了困境，仿佛在经典物理学上空又飘来了一朵浓厚的乌云，顿然使得许多物理学家都一筹莫展。

正在此时，伯尔尼专利局里这个默默无闻的小职员走来了。他在不久前刚刚发表过两篇有关“布朗运动”统计解释的文章，虽初试锋芒却已显得身手不凡，一举解开了曾经困扰物理学家几十年之久的布朗粒子运动之谜。然而，让物理学家们难以想象的是，他竟然又接着发表了第三篇更有分量的论文。

爱因斯坦在普朗克量子论的启发下，大胆地提出了一个新的光量子假设。他认为：光也是不连续的，它由一份一份的光量子（光子）组成，每一份光量子的能量与光的频率有关。频率越高，光量子的能量越大。并且，光量子与物质发生相互作用时（如光照射到金属表面），都只能整个地把能量传递出去。

根据光量子假设，结合能的转化和守恒定律，爱因斯坦提出一个与光电效应有关的方程（后来被称为爱因斯坦光电效应方程），很圆满、轻松地解释了光电效应。对于这个方程的物理含义，我们可以作一个形象的比喻：金属表面的电子好像井底之蛙，它必须吸收一定的能量（在光电效应方程中被称为“逸出功”），才有可能跳出来。假使它跳出来后还有多余的能量，就转化为电子的动能。

如果照射光的频率比较低，光量子的能量不够大，这个井底之蛙吞噬了这些能量后，依然没有能力跳出来，所以照射光必须满足一定的频率条件（称为极限频率或截止频率）。

照射光的强度大，只不过表示每秒内照射到金属表面的光量子比较多，如果其频率不够高的话，每个光量子的能量仍然比较小。根据光电效应中“光量子与电子”存在着的一一对应的关系，金属表面的电子即使吞噬了这种光量子，依然无法逸出金属表面，所以光电效应中发射的电子跟照射光的强度无关，仅与频率有关。

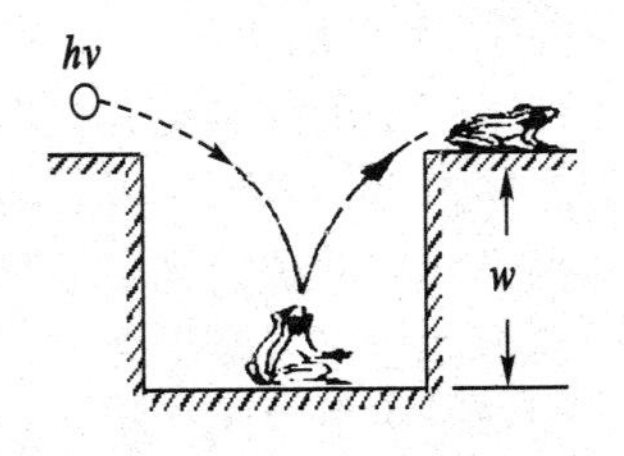

光电效应原理的形象化图

由于光量子可以整个地被电子所接收，所以只要满足频率条件，金属表面的电子吞噬了一个光量子后，立即逸出，无需能量积累的过程，因而光电效应具有瞬时特性。

爱因斯坦的光子说，显然完全不同于昔日牛顿的微粒说，它是建立在量子概念上的一种全新的学说。它仿佛使得已经被盖棺定论的“光的粒子说”这个“涅槃凤凰”得到了重生，重新在物理学的美丽天空中翱翔。光子说不仅圆满地解释了光电效应，也进一步拓宽了人们对光本性的认识。爱因斯坦第一次提出了光的波粒二象性的概念，在自然科学史上首次深刻地揭示了微观粒子的波动性和粒子性的对立统一关系，对物理学理论的发展起了很大的推动作用。

然而，许多伟大的理论并不是一下子就能被大家接受的。爱因斯坦的光子理论提出后，一开始同样没有被物理学界所承认，甚至连量子观念的创始人普朗克也认为“太过分了”。美国著名的实验物理学家密立根还给自己定下了一个工作目标：对爱因斯坦的光电方程进行彻底检验，以遏制这种“不可思议的”“大胆的”和“轻率的”光子说，试图用实验推翻这个理论。后来，密立根花费了10 年时间，解决了精确实验中的许多困难，终于在 1914 年提出了对爱因斯坦方程式精确有效的直接实验证据。密立根原来希望用实验推翻爱因斯坦的光量子理论，到头来反而用实验证明了爱因斯坦的光量子理论，这真是物理学史上的一件趣事。

爱因斯坦也因此获得了 1921 年度的诺贝尔物理学奖（密立根也因他对光电效应和测量电子电荷量的出色研究，荣获 1923 年度诺贝尔物理学奖）。

34 颠覆了千万年来的观念

◇ ……………………

如果说，爱因斯坦在1905年3月的论文中提出的“光子说”已经让物理学家敬佩无比的话，他紧接着又提出的两篇论文，简直让所有物理学家都惊呆了。在6月的论文中发起了对经典的时空观的挑战，提出了惊世骇俗的相对论；在9月的论文中提出了联系着质量和能量的著名方程——质能关系式，奠定了现代核反应理论的基础，轰动了全世界。

一个名不见经传的小职员居然能够在一年内，连续发表六篇，而且几乎每一篇都具有获得诺贝尔奖水平的论文，古今中外没有第二人，唯有爱因斯坦！1905年被称为“爱因斯坦奇迹年”，真是名副其实。

2005年是爱因斯坦创立相对论100周年，国际纯粹与应用物理联合会（IUPAP）建议将2005年定为“世界物理年”，后来经联合国第58次大会（2004年6月）通过，充分表明了全世界对爱因斯坦的纪念已经远远超越了物理时空。

“世界物理年”标识

什么叫相对论呢？据说，有一次，一大批学生围着爱因斯坦，请他给相对论作出解释。爱因斯坦思考了一下说：“我打个比方，比如你的屁股坐在火炉上烤和坐在公园柳荫下与女郎谈情说爱，那么，同样的时间你觉得哪一个更长？”学生们说：“当然坐在火炉上烤觉得时间长久。”爱因斯坦笑着说：“这就是我的相对论的内容。”当然，这是爱因斯坦的一种幽默。

所谓相对论，实际就是关于时间和空间的一种理论。有史以来，人们对于时间和空间的认识，都是凭直觉经验建立起来的。人们常说，时间老人最公正，赐予任何人都是同样的一分一秒、一天一年。时间的流逝跟运动无关，不论你是在学校、汽车里或飞机上，还是一个人静悄悄地待在家里，它都同样地流逝着，既不会因你急着办事过得快些，也不会因你无所事事而停滞不前。人们对空间的认识也一样，例如，从上海到北京有确定的距离，不论是站在地面上的人、徒步旅行者或是乘飞机高速运动的人，这段距离对他们来说都一样，它永远客观地存在着。

关于时间和空间的这种认识，就是一种经典的时空观念。自从人类进入文明社会以来，人们普遍都持有这样的观点，认为时间和空间是分离的、相互独立的，彼此间没有任何联系；时间尺度和空间尺度都跟物质的运动无关，都是绝对的。大千世界，万亿苍生，没有人对这种关于时间和空间的认识产生过一丝一毫的怀疑，也没有人想到过时间与空间有什么联系，它们跟物质的运动有什么联系，唯独爱因斯坦！

那么，爱因斯坦是怎么想到提出相对论的呢？有没有什么实验基础呢？

这个实验基础，就是光速不变原理。物理学家通过大量的实验表明，光的传播速度并不遵循经典物理的速度合成原理，它不会随着参考系的不同而发生改变。

爱因斯坦在 16 岁时，提出了一个著名的“追光问题”——如果我以光速追随光波，将会看到什么？按照经典物理学中的速度合成原理，他应该看到静止的光。正如在水平平行的两条铁路上，坐在以相同速度同向前进的两列车中，相互观看时觉得彼此相对静止一样。

爱因斯坦“追光问题”形象图

爱因斯坦根据光速不变的实验事实，首先发现了“同时相对性”，也就是说，所谓的“同时”并非是一个抽象的概念，实际上应该跟物体的运动速度有关。这个结论使人们十分惊讶。以前，人们总这么认为，凡是在某一时刻发生的事件（叫做同时事件），这个同时是绝对的。通常说北京时间 22 时、伦敦时间 14 时、华盛顿时间 9 时，都是指同一个时刻，也就是说这三个城市（包括其他许多地方）可以处于同一个“现在”。地球上的人，甚至其他星球上的“人”，都会有相同的“同一瞬间”。然而，从爱因斯坦的狭义相对论来看，这个千古真理竟是错误的，没有绝对的“同时”，不存在全宇宙普遍适用的同时性概念。

同样道理，对空间的认识也发生了变化。例如，在经典观念中，物体的长度跟观察者所处的位置（参考系）是无关的，它不会由于观察者静止或运动而有所变化。而在爱因斯坦看来并非如此。由于长度的测量，实际上就是测量它的两个端点在同一时刻的位置之间的距离，根据相对论的观点，既然同时是相对的，那么长度的测量也必然是相对的，因此，空间也跟物体的运动速度有关。

这样，爱因斯坦就把时间和空间结合起来了，认为时间与空间是不可分割的，时间与空间都是相对的，并且它们都跟物质的运动有关。

根据爱因斯坦的狭义相对论，可以得到两个非常奇特的效应，即尺缩效应（长度收缩效应）和钟慢效应（时间延缓效应）。

一幅关于长度收缩的漫画（自行车和车手在运动方向上缩短了）

所谓尺缩效应是指物体运动时，沿着运动方向测量的长度会随着运动速度的增加而缩短。例如，一个人带着尺子坐在火车里，另一个人带着尺子立在站台上，当火车高速运动时，火车上的人用尺测量车窗口的长度，站台上的人在火车开过时也测量一下同一扇窗口的长度。结果发现，两人的测量值并不相同，站在地面上这个人的测量值，比火车上那个人的测量值小一些。并且，随着火车速度的增大，站台上那个人的测量值就越小。也就是说，相当于火车上的那个人所用的尺缩短了。例如，当物体以速度 $v=2.6\times10^{8}$ 米/秒（约等于光在真空中传播速度的87%）运动时，原来1米长的窗口沿运动方向上测量时只有0.5米。

著名科学家G. 伽莫夫在一本书中引用了一首打油诗，风趣地描写了长度收缩效应：

斐克小伙剑术精，
出剑迅捷如流星，
由于空间收缩性，
长剑变成小铁钉。

所谓钟慢效应指的是，在一个相对于地面高速运动的飞船中发生的物理过程（或化学反应、生命过程等），从地面上来看，它所经历的时间都要比在飞船中直接观察到的时间长。通俗地说，物体做高速运动时可以延缓时间，运动中的钟会比静止时走得慢。例如，当物体以速度 $v=2.6\times10^{8}$ 米/秒运动时，运动中的钟才走了半小时，地面上已经过了1小时。这种情况，在微观粒子的高速运动中已经得到证实。

在科学上流传着一个“双生子的故事”，形象地说明了这种钟慢效应。有一对双胞胎兄弟，当他们20岁时，哥哥当上了宇航员，弟弟则在地面观察站工作。一次，哥哥接受了一项飞行任务，驾驶着宇宙飞船以0.99c的速度（c为光速）飞向茫茫太空，弟弟则留在地面观察飞船的飞行情况。经过了漫长的等待，飞船终于完成任务回到了地面。当90岁高龄的弟弟到飞船着陆点欢迎阔别70年的哥哥时，看见走出舱门的竟是30岁的年轻哥哥。也就是说，哥哥飞行了10年，弟弟却在地面上度过了漫长的70年。这正好比我国神话故事中说的“洞中方七日，世上已千年”。

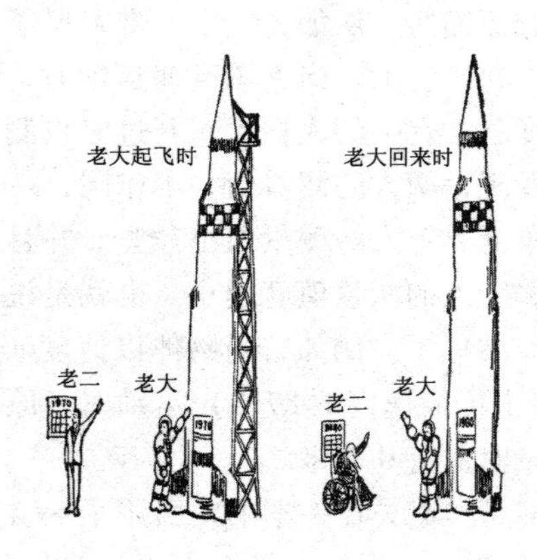

双生子故事的形象图——90岁高龄的弟弟欢迎30岁的年轻哥哥

爱因斯坦的狭义相对论，宣告了新的时空观的创立，使得人们的时空观发生了根本性的变革。当然，相对论的这种效应，只有在高速运动中才会有明显的表现，对于通常宏观物体的低速运动，依然适用着经典物理的法则。所以，经典物理学可以看成相对论在低速运动中的一种近似。

35　他能看到微观粒子的行踪

◇

19、20世纪之交，物理学微观世界的舞台上发现了一系列令人震惊的新现象。人们在惊喜之余，难免感到遗憾的是，只能通过某些现象去感知这些神秘的微观粒子，它们的真实行踪从来都无法看到。因为这些微观粒子实在太小了。例如，据物理学家现在的推测，电子的尺度在 10^{-15} 米以下，任何光学显微镜都爱莫能助了。

那么，如何能够让这些微观粒子稍稍地展示一下它们的风采呢？令人意想不到的是，这个难题竟然被一位27岁的年轻人在无意识的发明中解决了，他就是威尔逊，称得上是第一个看到粒子行踪的人。

威尔逊
C. T. R. Wilson
（1869—1959）

威尔逊1869年2月14日出生于英国苏格兰爱丁堡附近的一个牧场主家里。1888年入剑桥大学的西得尼·萨赛克斯学院学习，对物理和化学有着浓厚的兴趣。1892年毕业后在卡文迪许实验室担任汤姆孙教授的助手，1896年获得博士学位。当卢瑟福于1895年也来到汤姆孙手下做研究生时，他们常在一起讨论问题。

有一次，汤姆孙和威尔逊交谈时提起，为了研究原子现象，十分需要一种特殊的仪器能够把电子在空间运动的轨迹显示出来。虽然汤姆孙当时并没有把它作为一项科研任务交给威尔逊，但是“言者无心，闻者有意”，汤姆孙的话直接启发了威尔逊，最终使他走上了追踪粒子行迹的道路。

实际上，威尔逊作了汤姆孙的助手不久，他在科学研究上已初露锋芒、有所发明。事情还得追溯到1894年暑假，当时，威尔逊曾在英国第一高峰苏格兰的尼维斯山上的气象台度过了几个星期的时间，其目的是希望帮助气象台解决某个问题。在那里，他看到了阳光返照云彩的奇景，感到非常惊讶。他后来回忆说：“当阳光照耀在山顶周围的云层上时，出现了一种非常奇妙的光学现象，使我十分感兴趣，我希望能在实验室里模拟这种光学现象。”于是在1895年，他开始了一系列的实验，企图用人工的方法产生云雾。

我们通过初中物理的学习可以知道，云和雾都是水蒸气以“尘埃”为核心、遇冷凝结的小水珠形成的，通常的人工降雨就利用了这个原理。因此，威尔逊设计了一种仪器，在一个圆筒形的玻璃容器里充入少许酒精，让它挥发形成酒精的饱和蒸汽。玻璃容器的底部有一个活塞。把活塞突然向下拉，容器里的酒精蒸气在来不及跟外界发生热交换的状态下迅速膨胀（称为绝热膨胀），蒸气的温度就会降低，当达到过饱和状态时，就会凝结成细小的雾珠，形成人造的云。这种情形在平时生活中也经常会遇到：冬天，戴眼镜的同学从室外走进温暖的室内时，或者端起一碗热腾腾的稀饭时，温暖的水蒸气遇到温度很低的眼镜片，就会由于过饱和状态而凝结成细小的雾珠，使眼镜片变得模糊不清。

用飞机在空中撒干冰等物质，降低云层的温度（或增加云中的凝结核数量），促进水蒸气冷凝成雨滴，就可以进行人工降雨。

人工降雨

不过，威尔逊在实验中又进一步发现，即使通过反复凝结除掉容器中的尘埃，继续让蒸气膨胀时，仍然会出现云雾。这就表明，酒精蒸气中除了“尘埃”外也许还有其他的凝结核心。1896 年，他用当时新发现的 X 射线照射容器中的气体，观察到原来处于过饱和状态的蒸气发生的凝聚现象会大幅度增加。他终于明白了，原来 X 射线使气体电离所产生的大量离子也能够作为蒸气的凝结核心。

当时威尔逊年仅 27 岁，他的这个发现（或称为这个理论）非常有意义。不过，由于他那时主要的研究方向是雷电，因此还没有自觉地把这个发现跟追踪微观粒子的行为联系起来。直到汤姆孙的一席话使他豁然开朗：既然能以离子为凝结核心，因此也就可以用它们来探测带电粒子。于是，他用了很长一段时间对以离子为凝结核心的工作进行研究，并对原来的发明作了很成功的改进。

1911 年，他制成了第一台完善的仪器，并用照相的方法记录了观察到的 α 粒子和 β 粒子的径迹。之后，他又不断地对实验设备进行改进。到 20 世纪 20 年代末，他的这项实验技术已经非常完善了，并在全世界得到了推广。人们就把这个实验设备叫做威尔逊云室，利用它终于能够把微观粒子的径迹显示出来了。

现在云室中大多充有乙醇或甲醇蒸气，让 α 射线和 β 射线穿过云室，使气体电离产生离子，云室中的蒸气围绕着每一个离子进行凝结的时候，就会随着每个粒子的移动，形成一条带尾巴的轨迹，然后用照相的方法拍摄并保留下来。

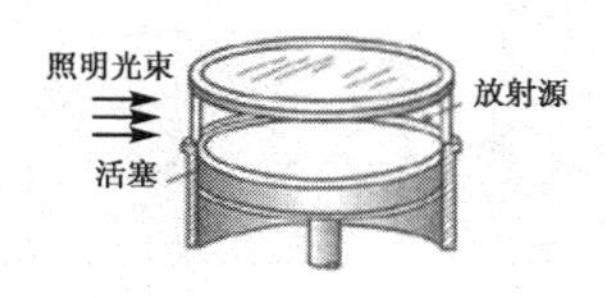

威尔逊云室

虽然通过威尔逊云室并没有直接看到这些粒子的“尊容”，仅是所谓“人过留名、雁过留声”而已，但它已经能够为物理学家的研究提供极为有用的手段。科学家通过对不同带电粒子径迹上小液滴的密度或径迹的长度，可测定粒子的速度。

α 粒子带电量多、质量大，在云室内显示的径迹粗而直；β 粒子带电量少、质量小，在云室内显示的径迹细而曲。

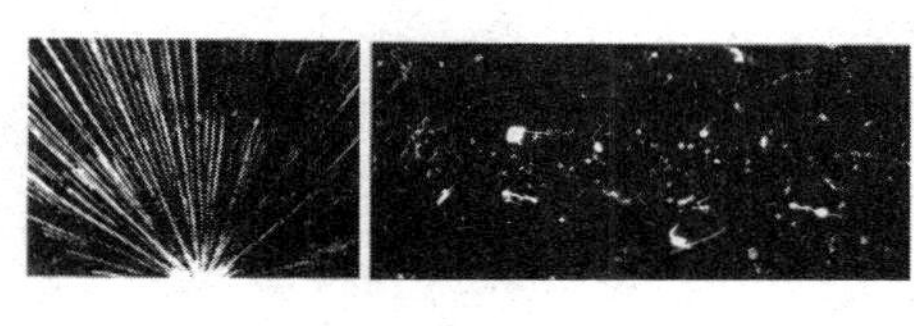

甲　　　　乙

α 粒子和 β 粒子在云室中的径迹

如果将云室和磁场对带电粒子的作用结合起来，根据径迹的弯曲方向和曲率半径大小，便可以确定粒子的电性、算出它的动量，从而可确定粒子的性质等。后来在原子物理研究中的许多重大的发现，如对人工放射性的研究、对宇宙射线的研究和正电子的发现，以及一些介子的发现等等，都是借助于云室实现的，因此，威尔逊的发明意义重大。英国著名物理学家汤姆孙对它给予高度评价："这一方法对于科学的进步具有无法估量的价值。"威尔逊也由于这一发明，和美国物理学家康普顿共同分享了1927年度的诺贝尔物理学奖。

36 原子中的小太阳系

◇ ……………………

19 世纪末 20 世纪初，物理学上奇迹般的三大发现（X 射线、放射性和电子），使人们清醒地认识到，原子也是有结构的，并不是不可分割的。同时，也很容易想到：既然原子中含有带负电的电子，而整个原子又是呈电中性的，因此原子中肯定还有带正电的部分。那么原子中的这些正电荷和电子是怎样分布的呢？

汤姆孙在 1897 年发现电子后，经过了几年的研究，于 1904 年提出了一个原子结构模型。

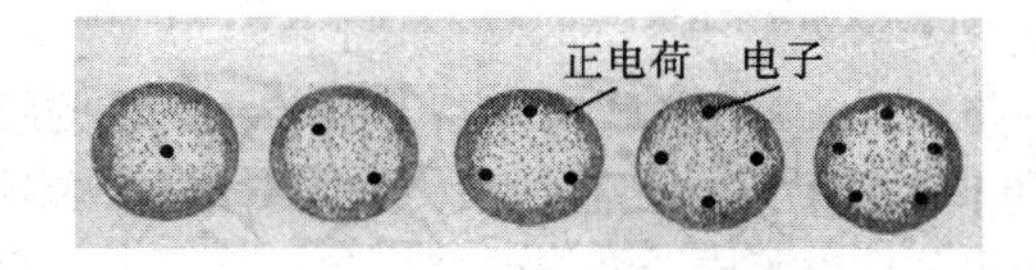

汤姆孙的原子结构模型

汤姆孙认为，原子好像一个带正电的“流体”球，集中了原子质量的绝大部分，带负电的电子有规则地镶嵌在球体某些固定位置上，就像夹在面包中的葡萄干，人们称它为“面包夹葡萄干”模型。

那么，汤姆孙的原子模型是否合理呢？最终的检验工作是由他的学生——卢瑟福完成的。

卢瑟福
E. Rutherford
(1871—1937)

卢瑟福是英籍新西兰人。1871 年 8 月 30 日出生在新西兰的纳尔森。他小时候就很聪明，从小学到中学各门功课都学得很好，手也很巧。1889 年，进入新西兰大学的坎特伯雷学院学习。1892—1893 年先后取得文学学士学位和文学硕士学位。后来，他又对科学产生了兴趣，1894 年，又取得了理科学士学位。从此，这位原本志向于文学研究的硕士生正式跨进了研究自然科学的行列。

1895 年秋天，卢瑟福有幸获得新西兰唯一的“大博览会奖学金”名额，赴英国剑桥大学，在汤姆孙领导的卡文迪许实验室工作了三年。

俗话说“名师出高徒”，卢瑟福在汤姆孙手下如鱼得水，很快就深入到当时科学研究的一些新领域。1898 年经汤姆孙的推荐，他被聘为加拿大麦克吉耳大学的物理学教授后，研究工作迅速取得了可喜的成果：先后发现铀射线中的 α 射线和 β 射线；跟牛津大学化学家索第合作提出了原子自然衰变的理论；跟德国化学家哈恩合作发现了新元素钢；出版了他的巨著《放射学》一书……短短几年，卢瑟福取得的这一系列令人瞩目的成就，轰动了世界，并于 1908 年荣获诺贝尔化学奖。当时，他曾风趣地说：“我一生中，曾经历过各种不同的变化，但最大的变化要算这一次了——我竟从物理学家一下子变成了化学家。”

可喜的是，诺贝尔奖并没有使卢瑟福停止前进的脚步，他在发现 α 射线和 β 射线后，就一直把精力放在对放射性本性的研究上。因此，当汤姆孙提出了原子结构的“面包夹葡萄干”模型后，他就打算利用 α 射线通过极薄的物质层时会发生散射现象对该结构模型进行检验。1909 年到 1910 年间，他和两名助手盖革和马斯顿做了著名的 α 粒子散射实验。

穿过金箔的α粒子射到涂有硫化锌的荧光屏上，就会产生一个个闪烁。荧光屏和观察用的望远镜都能够绕金箔四周旋转，通过望远镜可以观察并记录一定时间内屏上各处的闪烁数目。

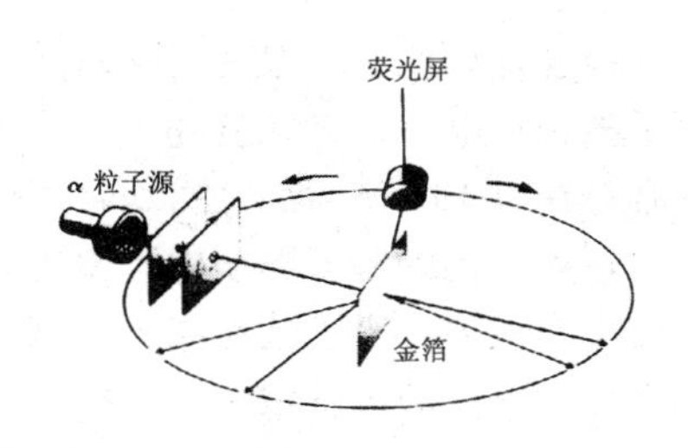

α粒子散射实验示意图

他们利用放射性元素钋发出一束很细的α粒子流，让它打到一块厚度仅为0.0004厘米的金箔上。实验中他们发现，绝大部分α粒子穿过金箔时，几乎好像不受任何阻挡，能够轻易地越过这道足足有2000个金原子直径那么厚的“原子墙”，继续沿入射方向前进。少数α粒子发生小角度的偏转，极少数α粒子发生大角度偏转，甚至还有个别α粒子会发生反弹。

卢瑟福后来回忆说：“非常激动的盖革到我这里来，并对我说：‘我们好像得到了一些α粒子反向散射的情况……’，这是我一生中最不可思议的事，就好像我们向卷烟纸射去一颗15寸的炮弹，而它又反射回来并打中了我们一样不可想象。”

那么，引起α粒子发生如此散射的原因究竟是什么呢？根据汤姆孙的“面包夹葡萄干”原子模型，α粒子就像是一个掉落两颗葡萄干的小面包，用一个小面包去打一个大面包阵（金原子阵），很难想象大部分小面包能够浩浩荡荡通行无阻。

卢瑟福在构思行星模型

为此，卢瑟福进行了苦苦的思索。他先排除了跟电子碰撞的可能——因为α粒子的质量约是电子质量的7000多倍，如果它跟电子相撞，犹如用一个高速运动的铅球去撞击乒乓球，α粒子几乎不会受到任何影响；接着，他进行了严密的计算；最后他毅然抛开了十分尊敬和信任的老师、当时在科学界具有崇高威望的汤姆孙所提出的原子结构模型。1911年，卢瑟福提出了原子的有核模型，或称为“行星模型”。

卢瑟福认为：一切原子都有一个核，它的半径小于 10^{-14} 米。原子核带正电，带 Z 个正电荷（Z 是原子序数）。核外电子以核为中心、在以 10^{-10} 米为半径的球面上像行星绕太阳一样绕核旋转着。

在卢瑟福的原子模型中，原子的正电荷和几乎全部质量都集中在极小的核内。原子核在原子中所占的大小，就像一颗沙子悬挂在一个很大很大的体育馆中心一样，周围绝大部分是空荡荡的。根据卢瑟福的这个有核模型，就很容易解释 α 粒子散射实验了。

由于原子核极小，入射的 α 粒子大部分离核很远，几乎不受核电荷的作用；少数离核比较近的 α 粒子，受到核电荷的作用发生偏转；极少数离核很近的 α 粒子，受到核的强大斥力，发生大角度的偏转；个别正对着原子核入射的 α 粒子，它的动能全部消耗于克服斥力做功后，就会被反弹。

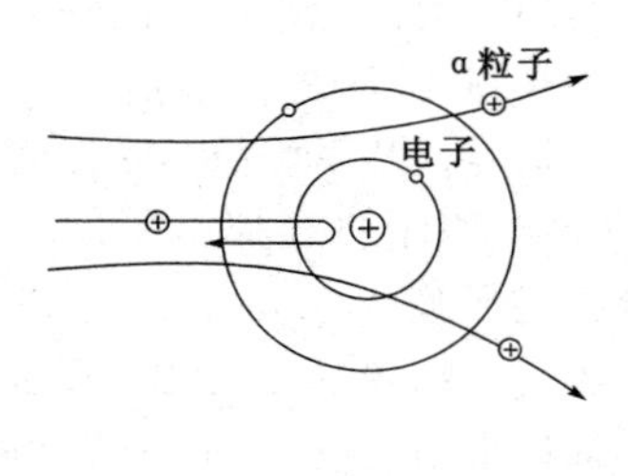

用有核模型解释 α 粒子散射实验

人们在探索原子奥秘的征途中，发现电子是一大进展，发现原子核又是一大进展，它们在近代物理学发展中都具有里程碑式的意义。只有在发现了电子和原子核以后，才能建立起正确的原子理论。卢瑟福的理论，从根本上改变了旧的物质观，彻底改变了原子是不可分和不变的旧观念。许多科学家都给予了高度的评价。英国著名天文学家爱丁顿说：“1911 年，卢瑟福提出的物质观，是自德谟克利特时代以来变化最大的一种新观念。”

37 氢光谱之谜

◇ ……………………

卢瑟福的原子模型虽然成功地解释了α粒子散射实验，但与经典物理学理论是矛盾的。因为电子绕核做圆周运动（或椭圆运动）是一种加速运动，根据经典电磁学理论，一个做加速运动的带电粒子将会向外辐射电磁波，能量会逐渐减小，电子绕核运动的半径也将逐渐减小，最后电子就会落到核上。也就是说，原子是不稳定的，但它与客观上原子是一个稳定系统的事实不符合。同时，由于原子的能量减小是一个渐变的、连续的过程，因而电子绕核运转的频率将逐渐改变，这样，它向外辐射的应该是包含着从红到紫的各种色光的连续的光谱，就像一束白光经三棱镜折射后所显示的连续光谱一样，可是这与实验中观察到的原子辐射都是分立的一条条的线光谱（称为原子的特征光谱）也不相符合。

瑞典物理学家埃格斯特朗通过精密测定，于1868年列出氢在可见光范围内的四条光谱线的波长，并把它们分别表示为H_α、H_β、H_γ、H_δ。

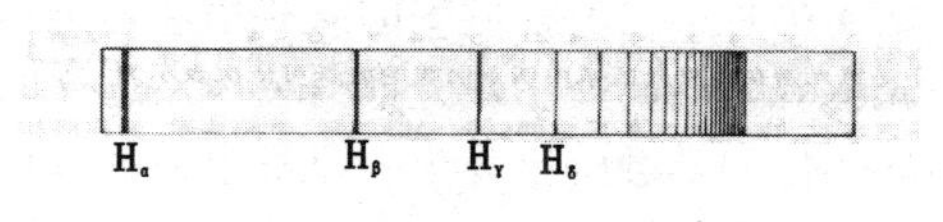

氢原子的特征光谱

氢原子特征光谱的波长和颜色

谱线名称	H_{α}（红色）	H_{β}（深绿色）	H_{γ}（青色）	H_{δ}（紫色）
波长 λ/nm	656.47	486.27	434.17	410.29

这些矛盾的存在，不仅表明卢瑟福的原子模型还很不完善，也又一次预示着，对原子世界需要有一种不同于经典物理学的新的理论。对这一问题首先作出划时代贡献的是丹麦物理学家玻尔。

玻尔
N. Bohr
(1885—1962)

玻尔于1885年10月7日出生于丹麦的哥本哈根。读中学时，他就已经在父亲的指导下操作了小型的物理实验。1903年，玻尔进入哥本哈根大学攻读物理。由于学习成绩出色，第二年教授就让玻尔做自己的助手。1907年，玻尔由于对水的表面张力的实验研究，获得了哥本哈根科学院的金质奖章。

1910年，玻尔以论文《金属电子论的研究》取得了哥本哈根大学哲学博士学位。

之后，他先在剑桥大学汤姆孙领导下的卡文迪许实验室工作了一段时间，后来听了卢瑟福来剑桥所作的关于原子结构新发现的报告后，立即被卢瑟福的性格和成就所吸引，于是便转到曼彻斯特大学卢瑟福实验室去工作了。

卢瑟福敏锐地感到这个年轻人的才华，对他十分关怀和爱护，玻尔也一直把卢瑟福当作自己的老师，并从这个时候起，他的主要精力就集中到对原子和原子核问题的研究上去了。

当时，许多物理学家都怀着浓厚的兴趣，试图从氢光谱这一串看似毫无规律的数字后面，探究出隐藏于其中的奥秘。不过，这些物理学家都是从经典物理学的观念出发，结果都失败了。有趣的是，对氢光谱规律的研究中最先取得突破性进展的并不是物理学家，而是瑞士的一位中学教师巴耳末。巴耳末另辟蹊径，借助几何图形并通过对氢光谱波长数据不断地拼凑，在1884年找到了一个表示波长的经验公式（后来被称为巴耳末公式）。6年后，瑞典的光谱学家里德伯把公式作了变换，更清晰地把公式表示成两项之差。这样一来，原本看似杂乱无章的氢光谱线的数值，就可以用一个很简单的公式表示出来了。那么，这个公式里是否隐藏着某些玄机呢？

可惜，许多物理学家面对着巴耳末公式，都猜不透这个谜。唯有玻尔独具慧眼，他说："我一看到巴耳末公式，就一切都明白了。"

为什么玻尔能超越其他物理学家而识破巴耳末公式所隐藏的玄机呢？关键是玻尔的物理思想领先于其他物理学家。他把卢瑟福、普朗克和爱因斯坦的思想结合起来，创造性地将量子观点、分立能量状态引入到原子结构理论中。里德伯把光谱公式表示为两项之差，正好符合了他的量子论思想，因此他豁然开朗，终于解开了氢光谱的奥秘，成功地破译了原子的密码。

1913 年 3 月、6 月和 9 月，玻尔接连发表了三篇不朽的论文，后来被人们称为"伟大的三部曲"，建立了玻尔原子理论（或称为玻尔模型）。

玻尔的原子理论认为：氢原子的核外电子只能在一系列不连续的轨道上运动，每个轨道对应着原子系统一定的能量状态，在这些能量状态中电子绕核做加速运动时不会辐射能量（这些能量状态称为"定态"）。氢原子从一个定态跃迁到另一个定态时，需要辐射（或吸收）一定频率的光子。

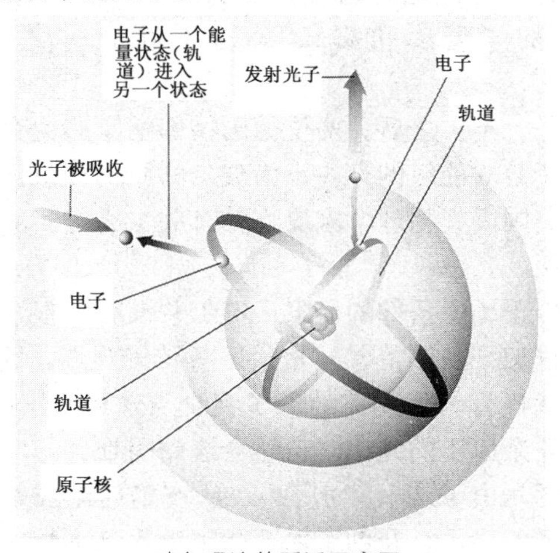

玻尔理论的跃迁示意图

玻尔把电子在不同轨道上运动时的总能量称为能级，并把它表示成阶梯的形式，如图所示。原子发光就是能级间的跃迁，当氢原子从不同的高能级跃迁到同一个低能级时所发出的光，属于同一个谱线系列。

这样，玻尔用他的原子理论不仅很圆满地解释已经发现的氢光谱的规律，还预言了氢的一些其他谱线。例如，他预见从高能级跃迁到 $n=1$ 的能级时，会辐射位于紫外区域的光谱，后来果然被赖曼从实验中发现了，称为赖曼线系。

氢光谱各个谱线系的产生：当电子从不同高能级跃迁到 $n=2$ 的能级时，辐射的光谱线属于巴耳末系；当电子从不同高能级跃迁到 $n=3$ 的能级时，辐射的光谱线属于帕邢系；等等（如图）。

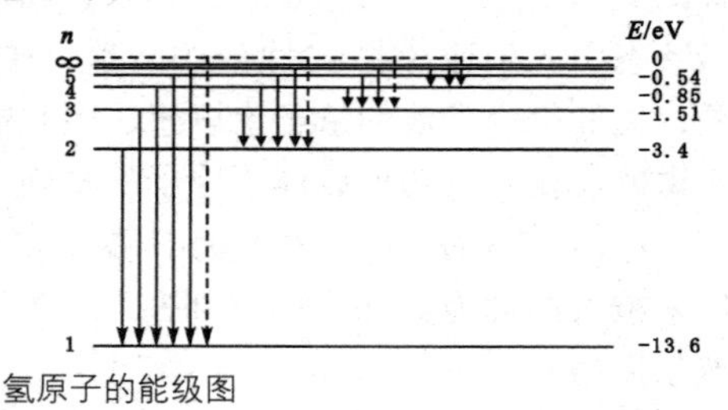

氢原子的能级图

玻尔的原子理论，是原子物理学划时代的文献。不过，当时由于玻尔的观点新颖，与经典物理理论不同，开始时许多物理学家难以接受。有的物理学家说：“假如玻尔的理论碰巧是对的话，我们将退出物理界。”也有一些物理学家不以为然，甚至加以诋毁，认为玻尔像“命令”式地规定电子的行为，不是在搞物理，简直是对经典物理学的“亵渎和疯狂”，这不过是一块“无知的遮羞布”……

可喜的是，不久之后，两位德国物理学家弗兰克和赫兹就用实验证实了原子分立能级的存在，为玻尔的原子理论提供了有力的证据。特别是美国天文物理学家皮克林有关氢光谱实验的证实，更使物理学家折服。

不过，由于历史条件的局限，玻尔并没有从根本上脱离经典物理学的理论框架，还保留着“轨道”等传统观点。因此，玻尔的这种方法被人戏称为“普朗克的量子观念与经典力学的混合”，玻尔理论在解释复杂原子的光谱时仍然会遇到困难。

但是，正是由于这个“混合”，从玻尔理论开始，打破了经典物理一统天下的局面，开创了揭开微观世界基本特征的前景，为建立描述微观世界运动规律的量子力学理论体系奠定了基础。玻尔也因研究原子结构及其辐射的出色成就，荣获 1922 年度诺贝尔物理学奖。

38 一首没有科学特征的狂想曲

◇ ………………

玻尔原子理论的成功是由于引入了量子观点，从此使物理学家认识到，对于微观粒子需要采用不同于宏观物体的研究方法。因此，从20世纪20年代起，以德国物理学家海森堡、奥地利物理学家薛定谔为代表，创立了描述微观粒子行为的一门新的学科——量子力学。在这门新理论的建立过程中，一位年轻的博士生德布罗意在论文中提出了物质波的观点，对量子理论的建立起了很好的推动作用。

德布罗意
L. De Broglie
(1892—1987)

德布罗意于1892年8月15日生于法国阿尔比的一个很富裕的家庭。他从小就酷爱读书，18岁时毕业于巴黎大学，获历史学士学位。后来在研究物理的哥哥的影响下，转而学习理科。1913年获得理科学士学位。第一次世界大战时，他投笔从戎，参与了军用无线电技术的研究工作。战争结束后，德布罗意进入法国巴黎大学攻读理论物理。

当时，他的哥哥因对X射线的研究取得的卓越成绩而蜚声物理学界。德布罗意常去他哥哥那里做些关于X射线的实验，并与哥哥讨论有关X射线的性质等问题。

众所周知，在牛顿的时代，曾发生过有关光本性的波与粒子之争。后来，发现阴极射线后，也有过关于阴极射线性质的波与粒子之争。自从伦琴在1895年发现X射线后，20多年来，物理学家对它的性质一直没有得到统一的认识，20多年后，又引起了一场关于X射线究竟是波还是粒子的激烈争论。

德布罗意在做一些X射线的实验时，经常发现它既有波的性质、又有粒子的性质，似乎具有波与粒子的双重身份。这个现象使他受到极大的震动，引发他进行了深入的思考。

他仔细回顾了对光本性的认识过程：如果不算早期牛顿的微粒说，人们对光的本性的认识是它的波动性。19世纪初，英国物理学家托马斯·杨首先通过双缝干涉实验所展示的干涉现象，猜想光是某种机械波；到19世纪中叶，英国著名物理学家麦克斯韦提出了电磁场理论，把光统一到电磁波的大家族中，认为光就是一种波长很短的电磁波。后来赫兹发现了光电效应，1905年爱因斯坦提出光子说，又认识了光的粒子性。最后，形成对光本性全面的认识——光既有波动性，又有粒子性，它是一种具有波粒二象性的物质。

对比人们对光的认识，在对物质结构的认识上恰好相反，人们长期认识的都是它的粒子性。2000多年前，东西方哲人思辨中孕育的古原子论已有了粒子性的萌芽。之后，从分子动理论到原子核式结构以及核的组成等，都认为整个自然界就是由许多种实实在在的粒子组成的。

既然光有波动性，也有粒子性，那么，由具有粒子性的实物粒子（原子、电子、质子等）所组成的物体是否也具有波动性呢？

这种听起来有些“天方夜谭”的设想，自从有了人类文明记录以来，从来没有人想过。现在，这位年轻的博士德布罗意从完全符合对称性的原理上，认真地思考了这样一个问题：到底能否将光量子所具备的波粒二象性推广到一般物体上去？

1923年夏，德布罗意终于跨出了勇敢的一步，逐步形成了一个极具革命性的设想：光的波粒二象性不只局限于光现象，实物粒子同样有这一特性。同年的9月和10月这两个月内，他连续发表了三篇有关的论文。1924年，他将这三篇论文合在一起作为他的博士论文，明确地提出了一个大胆的假设：原子、电子等实物粒子在一定条件下也应显示出波动性。每一个运动的物体，大至行星、太阳，小至一粒尘埃、一个电子，都有一种波与之对应。这种波不是机械波，它能在真空中传播。他还得出了一个联系着物体质量、速度和波长的关系式。后来，这种波就称为物质波或德布罗意波，这个关系式称为德布罗意公式（或称为爱因斯坦—德布罗意公式）。自此，惊世骇俗的物质波理论终于诞生了。

由于德布罗意的想法太新奇了，当时他自己也感慨地意识到，他的想法很可能被人们看做是“一首没有科学特征的狂想曲”，因为从经典物理学的观念来看简直是无法理解的。因此，德布罗意的论文提交后，并没有引起人们的注意，巴黎大学有些物理学教授甚至不同意对该论文进行答辩。德布罗意的导师、法国著名物理学家郎之万开始时也持怀疑态度，认为“这个博士生的思想很荒唐”，不过，郎之万觉得这篇论文写得很有才华，最后还是同意答辩。1924年11月，在巴黎大学的博士生论文答辩中，德布罗意非常自信地发表了自己的新见解。考试委员会的教授们虽然难以接受，但依然为他的大胆假设开了绿灯，让德布罗意得到博士学位。后来，郎之万又把德布罗意的论文寄给爱因斯坦。

具有超凡预见力的爱因斯坦慧眼识珠，一眼就看出德布罗意的工作绝不是仅与自己关于光子理论的简单类比，这种物质波还包含着对于量子规律的非常卓越的几何解释。因此，他对德布罗意的论文大加赞赏。爱因斯坦说：“瞧瞧吧，看来疯狂，可真是站得住脚呢。”并认为德布罗意已经掀开了“自然界巨大面罩的一角”。经过爱因斯坦的推荐，科学家才开始重视对物质波理论的研究。这“一首没有科学特征的狂想曲”，后来竟然演绎成一部波澜壮阔的科学交响乐。

德布罗意在论文答辩时，建议用电子在晶体上做衍射实验，由此验证微观粒子的波动性。3年后（1927年），美国物理学家戴维森和他的助手革末用低速电子进行实验，成功地获得了电子的衍射图样。同年，英国物理学家 G. P. 汤姆孙（发现电子的 J. J. 汤姆孙的儿子）用高速电子对多晶薄片进行实验，也获得了十分漂亮的电子衍射图样。

两个实验得到了同样的结果。这种衍射图样都跟一束光通过一个小孔得到的衍射图样完全一样，充分说明了通常以粒子形态存在的电子，确实具有跟光同样的波动特性。从此，德布罗意的物质波假设终于得到了确认。

用电子束射向多晶薄膜，仿佛用一束光通过小孔，可以形成同样的明暗相间的图样。证明了像电子这样的实物粒子也具有波动性。

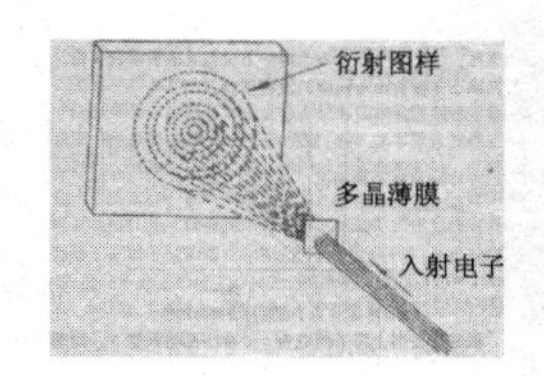

电子的衍射图样

德布罗意的物质波假设，不仅在物理学史上乃至人类的认识史上，都称得上是一次深刻的革命。它真正地将粒子性与波动性融于一体，使人们对物质结构有了更深层次的认识，从而开创了一门研究具有二象性的微观粒子运动的新理论。他也因这一大胆假设荣获1929年度的诺贝尔物理学奖，这也是第一个以学位论文获得诺贝尔奖的人。戴维森和 G. P. 汤姆孙也因证实电子的波动性共同分享了1937年度的诺贝尔物理学奖。人们风趣地说：当年父亲汤姆孙因证实组成阴极射线的电子是粒子而获得诺贝尔奖，儿子汤姆孙又因证实电子是波而获得诺贝尔奖。可谓“虎父无犬子”，这真是物理学史上的一件趣事。

那么，物质波理论的建立，是否会引起人们担心：地球上的物质都变成波“跑掉”了？应该知道，对于一般的宏观物体，由于其波长极短，其波动性很难被观察到。例如，一个质量 $m=1$ kg 的小球，以速度 $v=10$ m/s 运动时，根据德布罗意公式算出的物质波的波长仅为：

$\lambda=\frac{h}{mv}=\frac{6.026\times10^{-34}}{1\times10}\text{m}=6.026\times10^{-35}$ m（式中 h 是普朗克常量）

由于这个波长是如此之短，因此其波动性很难表现出来，也很难被观察到。也就是说，宏观物体有波动性，这是德布罗意理论所指出的事实。但是，宏观物体的波动性能否表现出来或被人们所观察到，这是另一回事！所以，你手中捧个大西瓜，不用担心它会变成波“跑掉”！

39　一颗理想的“炮弹”

◇ ……………………

卢瑟福发现原子的核式结构后，马不停蹄地继续进行着探索。1919 年，他又做了用 α 粒子轰击氮核的著名实验，并从实验中发现了原子核的一个组成部分——质子。

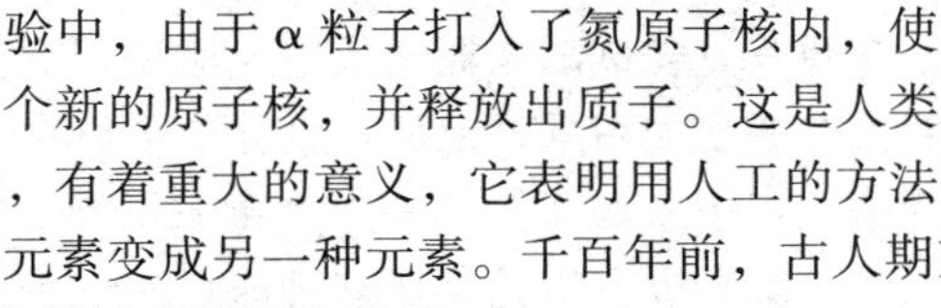

α 粒子(氦核)　+　氮核　→　氧核　+　质子(氢核)

$^{4}_{2}He$　　$^{14}_{7}N$　　$^{17}_{8}O$　　$^{1}_{1}H$

卢瑟福发现质子的示意图

在这个实验中，由于 α 粒子打入了氮原子核内，使氮核发生反应变成了另一个新的原子核，并释放出质子。这是人类历史上第一次人工核反应，有着重大的意义，它表明用人工的方法可以改变原子核，使一种元素变成另一种元素。千百年前，古人期望的“点石成金”，今天仿佛被卢瑟福实现了。

质子的发现，进一步激发了物理学家探究原子核结构的兴趣——原子核内除了质子外，是否还有什么其他粒子呢？卢瑟福曾经对核的结构提出一个“质子—电子”的假设，认为原子核是由质子和电子组成的。不过，很快他就从核的质量数和核电荷数等关系上，发现这个假设不合理。后来，他深入思考后，于1920年6月3日在贝克利讲座的著名报告中，提出了一个大胆的假设：在原子核内还存在有一种不带电的中性粒子。

当时，大多数物理学家对卢瑟福的这个假设都持怀疑态度，只有在卢瑟福领导下的卡文迪许实验室中的同事们坚信不疑。最终，通过他的学生查德威克经过了十年的探索，这个假设终于被得到证实，查德威克发现的这个中性粒子就是中子。

查德威克1891年10月20日出生于英国的曼彻斯特。他在中学时代并未表现出过人的天赋，沉默寡言，成绩平平，但有着一个可贵的信条：会做则必须做对，一丝不苟；不会做又没弄懂，绝不下笔。他在曼彻斯特大学毕业后，先留校在卢瑟福领导的实验室里工作。1913年到德国夏洛藤堡大学，在盖革实验室从事研究工作，学习放射性粒子探测技术。正当他的科研事业初露曙光之际，第一次世界大战把他投入了俘虏营，直到战后才获得自由，重返科研岗位。

查德威克
J. Chadwick
(1891—1974)

1919年，卢瑟福接替汤姆孙受聘为剑桥大学卡文迪许实验室主任，查德威克便随卢瑟福一起来到卡文迪许实验室，一直从事着与原子核有关的研究工作。

当卢瑟福在贝克利讲座中作出预言后，查德威克立即拟订了一个研究计划，向卢瑟福提出了进行探索的请求。

开始时，查德威克曾试图在氢气放电实验中，直接验证中性粒子的存在，但没有成功。后来，他又在气体放电管中、在天然放射性元素的衰变中、在用α粒子轰击原子产生人工衰变的过程中……尝试着各种方法，反复进行实验寻找这种假设中的粒子。由于中性粒子不带电，它无法使气体电离，也不会产生荧光，在电场和磁场里不会偏转，所以要发现它的存在的确是非常困难的。这个神秘的中性粒子究竟在哪里？查德威克前后经过十年的努力，经受了一次次的挫折和失败，还是毫无结果。不过，这丝毫也没有动摇他对卢瑟福预言的信念。

就在这个时候，欧洲大陆的物理学家在实验中发现的新现象，像一股温暖的春风抚慰着查德威克历尽艰辛的心灵。

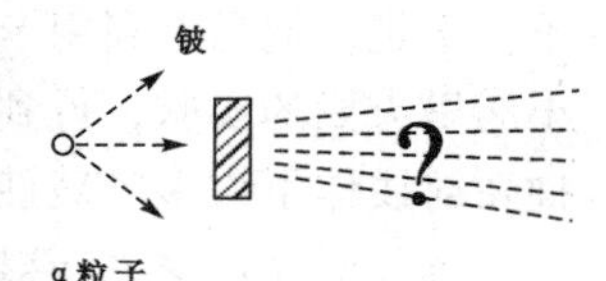

波特和贝克的实验现象

1930 年，德国物理学家波特和他的学生贝克用 α 粒子轰击铍（Be）时，意外地探测到一种贯穿力很强的前所未见的射线。这种射线不带电。他们认为，这是一种高能电磁辐射，即“高能 γ 射线”。

波特的工作引起了许多物理学家的浓厚兴趣，他们纷纷重复着波特的实验并进行研究。

1931 年，法国物理学家约里奥 - 居里夫妇（人称小居里夫妇）利用很强的放射源钋发出的 α 粒子去轰击铍，做了类似的实验，并用这种新射线去轰击石蜡，惊奇地发现它竟能从石蜡中打出能量很高的质子。

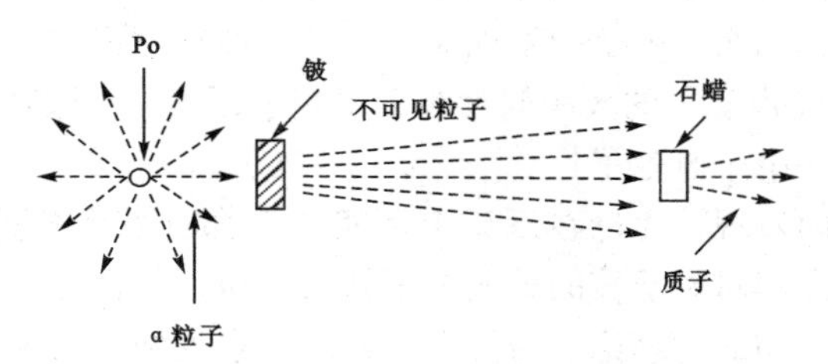

约里奥 - 居里夫妇的实验现象

后来他们通过理论计算，觉得简直太不可思议了！因为 γ 射线是由质量几乎为零的光子组成的，用它打出质量是电子质量 1836 倍的质子，犹如用一个乒乓球从车库中撞出来一辆大卡车，简直使人无法理解。

实际上，小居里夫妇已经来到了一个伟大发现的大门口，遗憾的是他们囿于前人的研究成果，继续沿着波特的错误思路走下去，认为这是一种具有新作用的 γ 射线。1932 年 1 月 18 日，他们把这一实验结果发表了出来。

在英吉利海峡对岸的查德威克看到小居里夫妇的论文时，真是喜出望外。他几乎立即想到这就是自己苦苦寻找了十多年的中性粒子。于是，他马上利用卡文迪许实验室优越的条件，重复了波特和小居里夫妇的实验，得到了同样的结果。接着，他非常仔细地对这种新射线作了许多突破性的研究。

查德威克把这种新射线引入到磁场中，发现它不会偏转，确认它是由中性粒子组成的；使这种新射线与物质相互作用，根据不同物质对它的吸收情况，证明它与通常的 γ 射线不同；通过对新射线速度的测量，发现它的速度还不足光速的 1/10，从而排除了是 γ 射线的可能性。尤其重要的是，他使这种新射线的粒子穿过物质，根据它跟物质中的原子核发生弹性碰撞，巧妙地推算出新射线粒子的质量，发现这种新的中性粒子的质量与质子的质量几乎相等。

1932 年 2 月 17 日，在小居里夫妇发表的实验报告刚好满 1 个月的时候，查德威克就发表了自己的实验报告及其结论。他采用了美国化学家哈金斯的建议，把这种中性粒子命名为“中子”。在物理学史上，像 X 射线、放射现象等这些科学发现，如果说有着偶然机遇的话，那么，中子的发现就完全是一种有意识的长期探索的结果。12 年前卢瑟福的大胆假设终于得到了证实，在微观世界中又一个粒子——中子诞生了！

中子的发现，无论在理论上和实践上都有着十分重要的意义。它不仅使人们对原子核的结构有了新的认识，很快提出了原子核由质子和中子构成的理论，而且也为物理学家找到了实现核反应的一颗理想的“炮弹”。由于中子不带电，它很容易接近原子核，甚至能够直接打进原子核。所以，中子发现后，物理学家纷纷用这件“新式武器”去轰击原子核，从而发现了铀核裂变等震惊世界的现象。可以毫不夸张地说，人类进入原子能时代的大门就是被中子打开的。查德威克也由于发现中子的巨大贡献，于 1935 年荣获了诺贝尔物理学奖。

40　三次走到诺贝尔奖大门口

◇ ……………………

在查德威克因发现中子而获得诺贝尔奖的评审过程中，据说，有这么一个小插曲：当时有人向卢瑟福提出，小居里夫妇对中子的发现也作出了不小的贡献。卢瑟福说："他们是那么聪明，不久会因别的项目而得奖的。"最后，评奖委员会就把发现中子的诺贝尔奖单独颁给了查德威克。

小居里夫妇，就是世界上第一个荣获两次诺贝尔奖的居里夫人的女婿和女儿。女婿叫约里奥－居里，女儿叫伊伦娜－居里，他们都是物理学家，都继承了居里夫人的事业，专注于放射性的研究。如果从这次有关中子发现的工作算起，几年时间内小居里夫妇曾经三次走到了诺贝尔奖的大门口，可惜都"功亏一篑"。

第一次，就是有关中子的发现。

前面已经说过，用 α 粒子轰击铍（Be）核的实验，最早是德国物理学家波特和贝克做成的，他们把实验中出现的一种穿透力很强的射线看成"高能 γ 射线"而轻易地放过了。小居里夫妇继续实验时，很有创意地用这种未知射线去轰击石蜡，并检测到了从石蜡中被打出的质子。然后，他们还从能量方面进行了理论计算，并意识到了用一种质量几乎为零的光子打出质子的不可能性。这时候，如果在思想上再前进那么一步：认为这种未知射线是由一种新的粒子组成的，那么，凭着他们的聪明才智和实验技能，完全可以确定这种新粒子的性质。这样，查德威克也就失去了发现中子的机会。可惜的是，他们不仅没有跨出这最后的一步，反而继续沿着波特和贝克的错误思路走下去。于是，获得诺贝尔奖的第一次机会就这样拱手相让了。

在查德威克发现中子的报告公布后，约里奥很谦逊地说："中子这个词早就由卢瑟福这位天才于1920年在一次会议上用来指一个假设的中性粒子……大多数物理学家包括我在内，没有注意到这个假设。但是它一直存在于查德威克工作所在的卡文迪许实验室的空气里，因此最后在那儿发现了中子，这是合乎逻辑的，同时也是公道的……"他还这么说过："要是我们夫妻俩听过卢瑟福的贝克利演讲的话，就不会让查德威克捷足先登了。"

第二次，是有关正电子的发现。

1928年，英国年轻的物理学家狄拉克从相对论和量子力学的一般原理出发，得到了一个著名的"狄拉克方程"，它可以描述电子的高速运动，并且跟实验符合得很好。不过从"狄拉克方程"可以得到两个解，其中一个解对应于普通的电子，另一个解对应的能量都是负的。当时的物理学家都百思不得其解。后来，狄拉克经过了一年多时间的潜心思索，作出了一个大胆的预言：自然界中应该存在着一种质量、电荷量与电子相同，但符号与其相反的粒子。

那么，自然界里是否存在这种粒子呢？许多物理学家兴致勃勃地进行了探索。小居里夫妇在利用云室研究钋射线对铍核的轰击时，曾经清楚地显示过这种粒子的径迹，可惜他们错以为这是一个反向运动的电子，一时疏忽怠慢了它，结果就丧失了这个重大发现的机会。

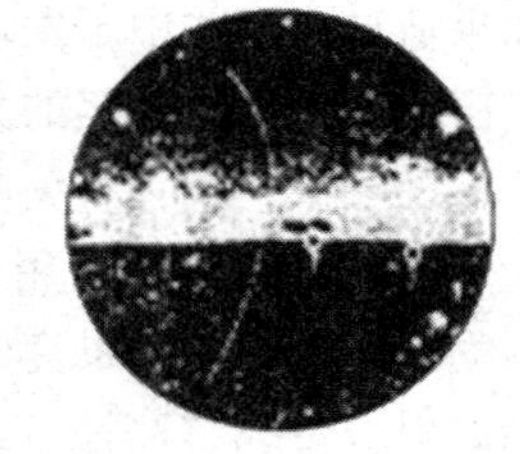
磁场中正电子的运动轨迹

1932年8月，美国物理学家安德森在研究宇宙射线对铅板的冲击时，利用放置在磁场中的云室所拍摄的照片，发现一种跟电子的偏转方向相反的径迹，通过对它的质量、电荷量的计算，确认它就是狄拉克所预言的粒子。安德森把它称为正电子。这也是人类第一次发现的反粒子。安德森也因这项重大发现荣获 1936 年度诺贝尔物理学奖。

第三次，就是有关铀核裂变的发现。

查德威克发现的中子，给物理学家提供了一颗轰击原子核的理想“炮弹”。意大利的“物理教皇”费米带领一批青年物理学家首先开始了用中子轰击原子核的实验，并取得了许多有意义的成果。后来，他们尝试用中子轰击当时元素周期表中最后的第 92 号元素铀。如果实验结果像以往一样：被轰击的原子核（铀核）放出一个 β 粒子，变成铀的同位素，这样，也就会产生一种原子序数为 93 的新元素，即“超铀元素”了。能够在实验室里制造出新元素，这实在是一件令人神往的事。

费米和他的同事们怀着热切期盼的心情，开始了用中子轰击铀元素的实验。结果似乎很满意，反应中的确也发出 β 射线。当时，虽然大多数物理学家都认为费米确已制造出新的超铀元素了，不过也有的物理学家认为可能是中子闯进铀核，引起了核分裂。

1938 年夏，小居里夫妇和他们的合作者、南斯拉夫的萨维奇重复费米的实验。结果，他们在反应产物中分离出一种比铀轻、位于周期表中间的放射性物质，只是他们对这种放射性物质的来源并没有考虑成熟，在决断上比较迟疑。其实，他们三人已经在无意中走到了一个伟大发现的边缘。

后来，敏感的德国化学家哈恩在看到小居里夫妇等三人的论文时，就像听到一声晴天霹雳似的被惊呆了。他急忙与助手施特拉斯曼一起钻进了实验室，接连几天紧张得连吃饭都不出实验室地干起来。他按照小居里夫妇的方法进行实验，凭借着优秀的专业知识和分析技能，迅速判断出实验产物的性质。后来又经过著名的女物理学家迈特纳及其侄子弗利胥的理论计算，终于确认了这是铀核的分裂现象。他们在 1939 年 1 月 16 日正式公布了结果，顷刻就震撼了全世界。后来，就把这种现象称为“裂变”。哈恩对铀核裂变的证明，揭开了人类历史的新纪元。哈恩也因这一重大发现荣获 1944

年度的诺贝尔化学奖。

后来，虽然小居里夫妇不负众望，因发现人工放射性及其研究而获得1935年度诺贝尔化学奖，但他们三次走到诺贝尔奖大门口而失之交臂，总令人扼腕痛惜。这个事例充分说明了科学研究不能囿于前人的思路，必须具有对新现象、新事物的敏感性；同时，也充分说明了可贵的发现机遇确实往往只能青睐于有准备的头脑。也就是说，思想上的准备，是获得成功的一个很重要的因素。现代著名理论物理学家赛格雷说："一般说来，人们只对自己有思想准备的东西能认识，如同我们在X射线、中子和正电子的发现中所看到的那样。"这个教训是非常深刻和有益的！

41 等待了43年的激光

◇ ………………

玻尔理论提出了能级的概念，并用能级跃迁解释了原子系统对光的辐射和吸收。慧眼独具的爱因斯坦又从能级间的跃迁看出了新问题，于是，在1917年提出了激光的概念。

激光的英文全称为 Light Amplification by Stimulated Emission of Radiation，它的意思是“受激发射的光放大产生的辐射”。最初的译名简称为“镭射”“莱塞”（取英文名称 LASER 的音译）。1964年，根据我国著名科学家钱学森的建议命名为“激光”。它是20世纪以来，继原子能、计算机、半导体之后，人类在物理学领域的又一重大发明。

那么，激光是怎样产生的？它有什么重要的特性？为了清楚地认识这些问题，还得回到玻尔的理论上去。

根据玻尔的理论，原子系统都处在一个个分立的能级，各个能级之间在一定条件下会发生跃迁。通常情况下，一个原子系统都处于最低的能级（称为基态，用 E_1 表示）。如果受到外界的激发，吸收了一定的能量，就会跃迁到较高的能级（用 E_2 表示）。这种跃迁称为受激吸收（或简称吸收）。

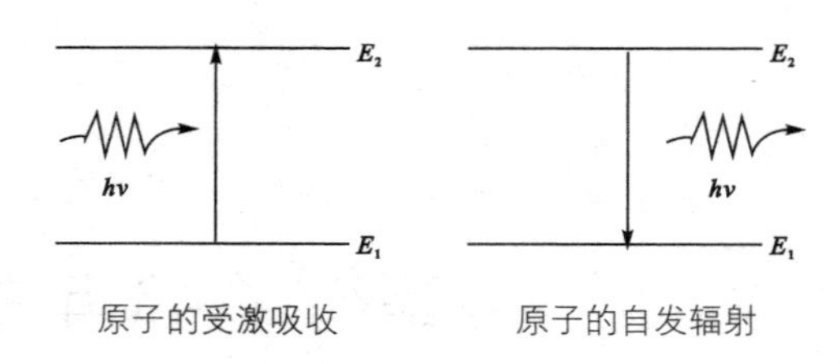

原子的受激吸收　　　原子的自发辐射

物质内部的原子系统处于基态时，是比较稳定的状态。处在较高能级的状态是不稳定的（称为激发态），它往往能自发地从高能级（如 E_2）向低能级的基态（E_1）跃迁，同时辐射出能量为（$E_2 - E_1$）的光子。这种辐射过程称为自发辐射。在自发辐射过程中发出的光子，其频率为：

$$\nu = \frac{E_2 - E_1}{h} \qquad (h \text{ 为普朗克常量})$$

当大量原子发生自发辐射时，从各个不同的高能级向低能级的跃迁完全是随机的，有各种可能情况，因此通常我们看到的原子发光，其频率、相位和传播方向等都是很不一致的。这种光在物理学上称为非相干光。

1917 年，爱因斯坦从理论上指出：处于高能级的原子，受到激发从高能级跳到（跃迁）低能级上，可能会辐射出与激发它的光子相同的另一个光子，并由此引起连锁反应。

例如，有一个原来处于高能级（E_2）的原子，当外界射入一个频率为 $\nu = \frac{E_2 - E_1}{h}$ 的光子后，该原子在光子的诱发下跃迁到低能级（E_1），同时发出一个频率也为 $\nu = \frac{E_2 - E_1}{h}$ 的光子。这个光子跟入射光子一模一样，仿佛从原来的一个光子变为两个光子。可以设想，如果在物质中有大量原子处于这样的高能级，当有一个频率为 $\nu = \frac{E_2 - E_1}{h}$ 的光子入射后，使高能级 E_2 上的原子产生受激辐射，就可以使入射的光子从 1 个变为 2 个；接着这两个光子再使原子激发，就可以从 2 个光子变为 4 个光子；类似的情况迅速继续下去，于是从 4 个光子变为 8 个光子、从 8 个光子变为 16 个光子……很快就能得到大量的完全相同的光子。

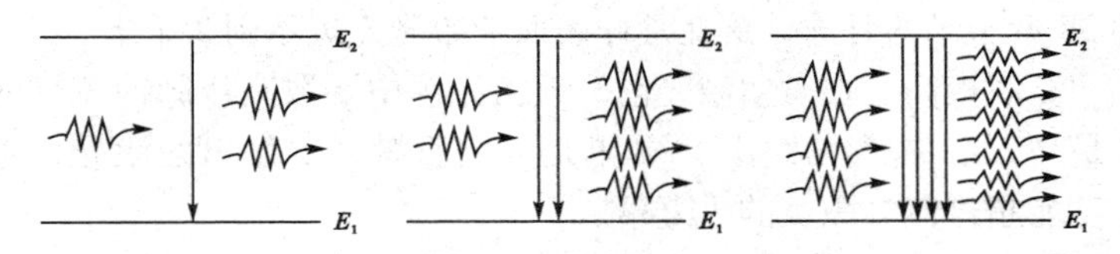

激光的产生机理示意图

也就是说，我们可以用一束弱光激发出一束强光，即实现了“光的放大”。这种在受激辐射过程中产生并被放大的光，就被称为激光。

爱因斯坦的这个理论使人们受到极大的鼓舞，依据这个理论可以非常方便地使弱光得到放大。然而，人们进行实验尝试时却遇到了许多困难，等了足足43年才被实现。那么，这究竟是为什么呢？

原来，通常情况下，物质原子绝大多数都处于较低能量的基态（E_1），因此当受到光照射时，只是部分原子吸收光子发生跃迁（跃迁到较高能量的状态），光能量只会减弱而不会增强。如果要产生爱因斯坦所预言的受激辐射，必须要求处在高能级（E_2）的原子数大于处在低能级（E_1）的原子数。这种情况正好与通常物质原子处于平衡状态时的分布相反，称为“粒子数反转”。因此，如何从技术上实现“粒子数反转”就成为产生激光的必要条件。

后来，科学家不断对实现“粒子数反转”的问题进行理论和实验的探索。直到1960年，先后从美国和苏联传来了激动人心的消息。这一年的5月15日，美国加利福尼亚州休斯实验室的科学家梅曼首先获得了波长为0.6943微米的激光。这是人类有史以来获得的第一束激光。7月7日，梅曼利用一个高强闪光灯发出的光，激发红宝石里的铬原子，研制成功世界上第一台激光器。同年，苏联科学家尼古拉·巴索夫发明了尺寸更小的半导体激光器。

绚丽的激光

激光有着不同于普通光的鲜明特点，例如：

方向性好。普通光源发出的光往往很分散，而从激光器发射出来的光束发散度极小，接近于平行，因此能定向发光。1962 年，人类第一次使用激光照射离地球约 38 万千米的月球，落在月球表面的激光光斑不到 2 千米。

亮度极高。在发明激光前，人工光源中要数高压脉冲氙灯的亮度最高，俗称“小太阳”。如果是红宝石激光器发出的激光，它的亮度能超过氙灯亮度的千万倍。

颜色极纯。激光器发出的光，由于频率非常单一（也就是它的波长分布范围非常窄），因此颜色极纯。所以激光的单色性远远超过任何一种单色光源发出的光。

能量密度极大。由于激光射到物体表面的作用范围很小（相当于作用在一个点），短时间内集中了大量的能量，因此能量密度（物体表面单位面积上分布的能量）极大。梅曼制成第一个激光器后不久，曾在一块红宝石的表面钻了一个小孔，产生一条相当集中的纤细的红色光柱，当它射向某一点时，竟能达到比太阳表面还高的温度。

由于激光所具有的这些特点，因此它问世后立即获得了迅猛的发展，其应用领域非常宽广。如光纤通信、激光测距、激光雷达、激光切割、激光武器、激光唱片、激光成像、激光照排、激光矫视、激光美容、激光冷却、激光聚变研究等等。激光的发展不仅使古老的光学科学和光学技术获得了新生，而且导致了一门新兴产业的出现。可以这么说，激光技术已经融入人们的日常生活之中。同时，人们也热切期待着，在未来的岁月中，激光能够带来更多的奇迹。

42 摄影技术的新突破

◇

激光的研制成功，使得由英籍匈牙利物理学家丹尼斯·伽柏于1947年提出的全息摄影技术有了用武之地。

全息的英文是Holography，这里的Holo表示“完全”的意思，我国的科技图书中就把它译为“全息”，意思是全部信息。

那么，什么是摄影的全部信息（全息摄影）呢？为了回答这个问题，需要从人们所熟悉的照相谈起。我们知道，照相时依靠从被摄物体表面上反射的光，通过镜头（相当于一个凸透镜）在底片上形成物体的影像。

从外界景物发出（反射）的光，经照相机镜头（相当于一个凸透镜），在底片上形成一个倒立、缩小的实像。

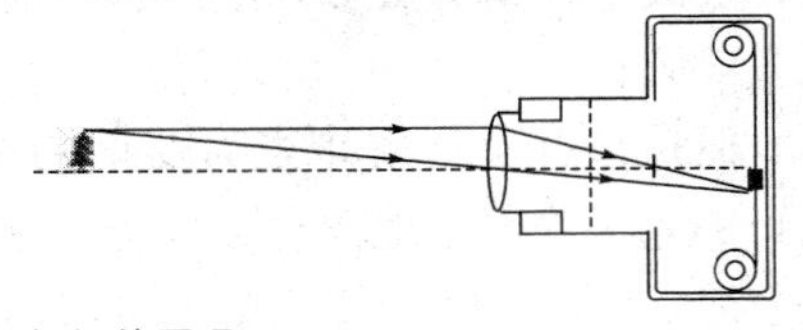

普通照相机的原理

经验告诉我们，从物体表面反射光越强的地方，照片上相应的部位显得越亮。也就是说，通常的照相实际上只是记录了物体表面光的强度（或者说是光的振幅）这样一个信息，所以形成的是一种平面图像。

物理学研究指出，从物体表面反射的光都包含着三种信息，即光的明暗程度（与振幅有关）、光的颜色（与频率或波长有关）和光的方向（或者更严格地说是光的相位）。早期的黑白照片只能记录下光的明暗变化，而彩色照片除此之外还能通过记录光的波长变化，反映出物体的颜色。

摄影技术的奥秘，实际上都在于对光的记录。一个高明的摄影师往往能够利用正面光、侧面光等不同方向光的效果，使照片能够显示出较强的立体感和丰富的层次感。不过，仅仅依靠光强这样一个信息，要求能显示立体感难免不尽如人意。那么能否在摄影中同时捕捉到这三种信息呢？由伽柏首创的全息摄影就是唯一能同时捕捉到光的三种属性的一种摄影技术。

伽柏
D. Gabor
(1900—1979)

伽柏于 1900 年 6 月 5 日出生在匈牙利的布达佩斯。1918 年入布达佩斯工业大学读书，随后转入德国恰尔罗登堡工业大学，于 1924 年毕业并获得硕士学位，之后一直从事着电子显微镜的研究工作。

1948 年，伽柏为了提高电子显微镜的分辨本领，提出了一种新的成像方法——通过从被摄物体表面反射的光（简称物光）与另外一束参考光发生干涉，从而达到记录物体表面反射光全部信息的方法。伽柏把原来在人们意识中“风马牛不相及”的两个不同领域——摄影与光的干涉，巧妙地结合在一起，形成一种新的摄影方法。这种别具匠心的创造性思维，不能不让人叹服！

但是，由于从物体表面反射的光，往往是由多种频率（或颜色）的光极为复杂地混合起来的，故无法找到某一种光能够跟它发生干涉。所以，伽柏的这个理想被搁置了 10 多年，直到 20 世纪 60 年代出现了激光后才得以实现。

我们知道，激光是一种亮度极高、频率很单纯的光，具有极好的相干性，很容易实现光的干涉。根据伽柏提出的全息摄影原理，用激光进行摄影的基本过程如下：先把来自激光器的激光束分成两束，一束激光直接（或通过反光镜）投射到感光底片（称为全息干板）上，称为参考光束；另一束激光投射到物体上，经物体反射（或者透射）后便携带有被摄物体的有关信息，称为物光束。然后，使物光束也投射到感光底片的同一区域上，并与参考光束叠加，产生干涉，在感光底片上就会形成干涉条纹。这些条纹里就包含着来自被摄物体反射光的全部信息（强度信息和相位信息），这样就完成了一张全息图像（照片）。

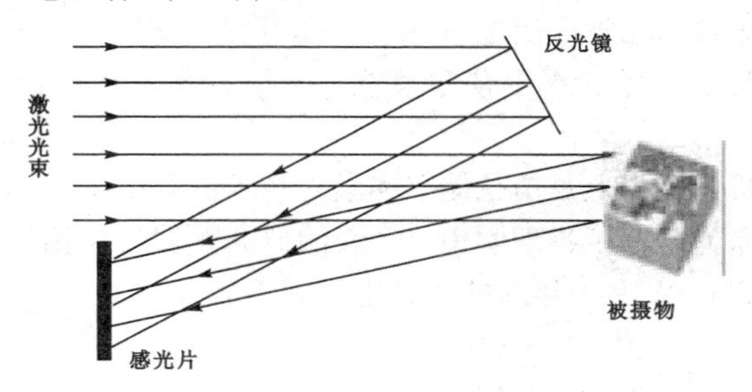

全息照相的拍摄过程

拍摄到的全息照片，实际上只是光的干涉条纹，跟普通的照片是两个概念。观察时（也就是使物体再现时），同样需要利用激光的照射。用于观察的这束激光应该与参考光束完全一样，经过感光底片（全息干板）上的干涉条纹的衍射，就能逼真地再现物体在三维空间中的真实景象。人眼从不同角度观看，可以看到物体不同的侧面，就好像看到真实的物体一样，只是无法触摸到真实的物体，真可谓“可望而不可即”。

全息照相除了有逼真的立体感外，还有着普通照片所没有的其他特点：人眼利用激光束进行观察时，不仅可以通过全息干板看到一个与原来物体形状一样的像（虚像），同时在以干板为对称面的地方还可以看到一个与原来物体完全相同的像（实像）。并且，所观察到的像的亮度和大小都可以随意调节。尤其令人感到神奇的是，全息摄影具有可分散性，即使把一块全息干板打碎，它的每一块碎片仍然可以再现原来物体的像。

由于全息照片所展示的景物立体感强，形象逼真，干板储存容量大等许多特点，因此在很多领域都得到了应用。

例如：将一些珍贵的历史文物和艺术品用全息技术拍摄下来，

展出时可以真实地再现文物的原貌，供参观者欣赏，而原物可以妥善保存，防止被窃和损坏。运用新兴的模压彩虹技术，可以在银行信用卡、个人证件卡、图书甚至钞票上印制全息图像作为防伪标识。可以利用全息技术制作生动的卡通片、贺卡、立体邮票等。目前，全息技术已被广泛地应用于立体电影、电视、广告、超声全息术、全息显微术、军事侦察监视、水下探测、金属内部探测等方面。

观察到的全息图像

全息摄影称得上是信息储存和激光技术的有机结合。全息的构想依托着激光开辟了物理学中一个新的研究领域。伽柏也因对全息照相的研究获得 1971 年度的诺贝尔物理学奖。

43 从光学显微镜到电子显微镜

◇ ……………………

照相的对象通常是宏观物体，如果需要对微观物体和各种粒子进行观察和照相，这就得依赖于显微镜了。显微镜可以分为光学显微镜和电子显微镜两大类。

光学显微镜的发明跟望远镜一样，都源于16世纪末荷兰米德尔堡眼镜商的偶然发现——用两个眼镜片叠放后，观察到的物体会变大。现在一般都认为，最早的光学显微镜是荷兰的詹森和利伯希制成的。不过，当时他们没有发现显微镜的科学价值，因此没有受到人们的重视。在科学史上，真正实用的显微镜的发明，当归功于荷兰的列文虎克。

列文虎克
A. V. Leeuwenhoek
(1632—1723)

列文虎克1632年出生于荷兰的德尔夫特市。他没有受过系统的教育，但对于新事物充满了好奇心。当时，眼镜制造业已经相当发达，当他听到眼镜商用一个凸透镜（放大镜）可以看清楚比较微小物体的消息后，就经常出入眼镜店，暗自下工夫学习磨制镜片的技术。1665年，他终于磨制了一块直径仅为0.3厘米的凸透镜。他将这块凸透镜镶嵌在架子上，又在凸透镜下方安装了一块开有小孔的铜板，让光线照射到所观察的物体上，这样就制成了第一架显微镜。后来，他又不断地加以改进，几年后就制成了能放大将近300倍的显微镜。

1675年，他用自己制作的显微镜观察雨水，惊奇地发现水中蠕动着许许多多怪模怪样的小生物。后来，他又用显微镜发现了红细胞和酵母菌等多种细胞。千百年来，对人类一直紧闭着的微生物世界的大门，终于被列文虎克敲开了。他也就成为有史以来第一个发现微小生物的人，并作为微生物学的开拓者而载入史册。

列文虎克发明的显微镜只有一个镜头，称为单显微镜，它的放大倍数很有限。现在广泛使用的显微镜有物镜和目镜两个镜头，称为复显微镜。复显微镜用短焦距的凸透镜做物镜、长焦距的凸透镜做目镜，人眼通过目镜就可以在同侧观察到物体放大的虚像。

列文虎克的显微镜

光学显微镜的发明，很快使人类认识微观世界有了必要的工具。因此，它诞生后的200多年来，科学家不断地致力于成像性能和放大倍数的提高。从成像光路看，似乎可以制造出任意放大倍数的显微镜。但是，实际上，尽管科学家不断提高和改善透镜的性能，普通光学显微镜的放大率也只能达到1000~1500倍左右，最好的也始终无法超过2000倍。

被观察的微小物体放在物镜的焦点外，通过物镜形成一个放大的实像，它位于目镜的焦点内，人眼通过目镜就可以在同侧观察到一个放大的虚像。通常调节这个虚像位于人眼的明视距离处。由于人眼对这个虚像的视角被放大了，因此就能够看清微小物体的细节。

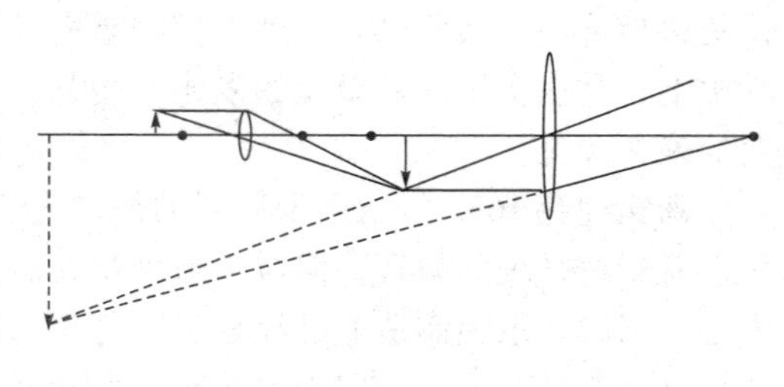

复显微镜的成像光路图

那么，这是什么原因呢？后来，科学家就发现了问题的症结所在：这是因为受到照射光波动性的限制。由于光通过透镜成像时会发生衍射现象，致使原来物体上的一个点成像时就不是一个点，而是一个光斑。如果物体上的两个点所形成的两个衍射光斑靠得太近相互重叠的话，观察时就无法区分了。

衍射就是光偏离直线传播、到达直线传播阴影里的现象。图中显示的是沿直线传播的光遇到小孔时，在小孔后面产生明暗相间的图样。

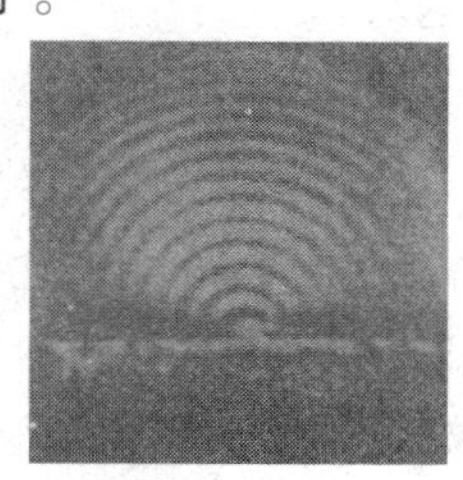

光的衍射现象

接着，物理学家又在理论上证明：使用可见光作为光源的显微镜，分辨本领的极限是0.2微米，任何小于0.2微米的结构都没法辨别出来了。所以对应的放大倍数通常都限制在1500倍左右，不会超过2000倍，光学显微镜已经达到了分辨率的极限。故目前常用的普通的光学显微镜与19世纪的显微镜相比，基本上没有什么重大的改进。

光的衍射障碍，横亘在人们观察更小的病毒和分子、原子的道路上，成为一道难以逾越的鸿沟。

由于光的衍射与波长有关，波长越短，发生衍射的物体尺度越小，也就是说，可以区分的两点间距离越小。因此，如果要进一步提高放大倍数、提高显微镜的分辨本领，必须使用波长更短的光照射。为此，科学家曾发明过使用紫外线的显微镜，也设想过使用X射线进行照射。可是，这些尝试都没有取得理想的效果。

看来，为了从更高的层次上研究物质的结构，对光学显微镜的研究必须另辟蹊径，才能创造出功能更强大的显微镜。

直到20世纪20年代，德布罗意提出了物质波理论，后来又通过实验证实了电子具有跟可见光一样的波动性，这使得科学家看到了希望的曙光：用电子代替光，通过电子的照射进行观察，这真称得上是一个违反常规的极有创造性的主意。

不过，用电子束来制造显微镜，怎样才能使电子束聚焦呢？显然，一般的光学透镜在这里是无用武之地的。

1926 年，德国科学家布什根据电子在磁场中运动的理论，指出可以采用磁场约束的办法使电子束聚焦。也就是说，可以让磁场对电子束起到“磁透镜”的作用。这样，就从理论上解决了电子显微镜的透镜问题。

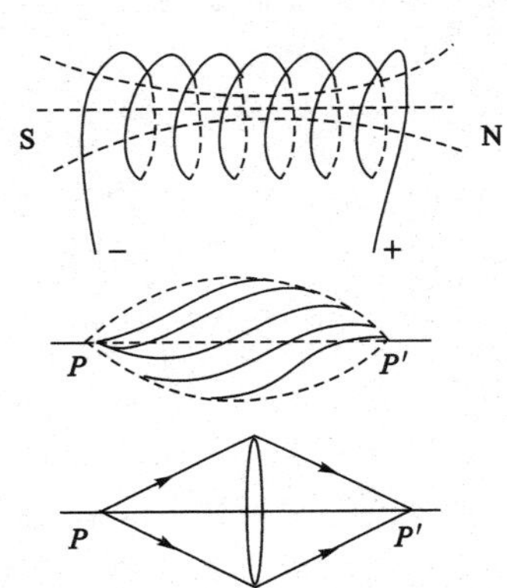

当在线圈中通以电流时，线圈中产生磁场，电子束进入磁场后，在磁场力的作用下沿螺旋线运动，然后交会于轴上的一点。类似于从点光源发出的一束光经凸透镜后，会聚于一点。

用磁场约束电子的运动，相当于磁透镜

1931 年，德国柏林工科大学的年轻研究员鲁斯卡，利用一台经过改进的阴极射线示波器，首先成功地得到了铜网的放大像。人们常说，婴儿的第一声啼哭不会是一首好听的诗。鲁斯卡第一次由电子束形成的图像，放大率很低，但它的意义却非同小可，它向人们有力地证实了使用电子束和电子透镜确实可以形成与光学像相同的电子像。

光学显微镜的结构原理：
1. 光源，2. 聚光镜，
3. 物体，4. 物镜，
5. 投射镜，6. 最后像
电子显微镜的结构原理：
A. 电子枪，B. 聚光镜线圈，
C. 物体，D. 物镜线圈，
F. 投射镜线圈，G. 最后像

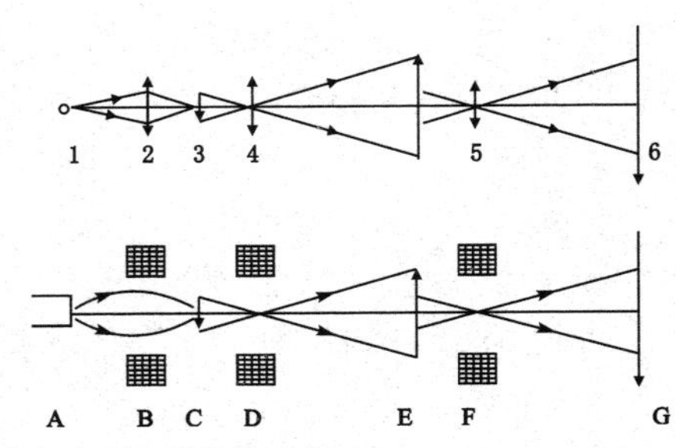

光学显微镜与电子显微镜的对比

后来，经过不断地改进，1933 年鲁斯卡已经能够获得放大 1 万倍的电子像，轻松地超越了光学显微镜的放大极限。到了 1939 年，德国西门子公司制造出分辨本领达到30埃（1埃 $=10^{-10}$ 米）的世界上最早的实用电子显微镜，并投入批量生产。

电子显微镜的发明，引发了一场巨大的革命。它的出现可以使人类的洞察能力提高好几百倍，使科学家能观察到百万分之一毫米那样小的物体。后来，随着电子显微镜质量的不断提高，人们不仅看到了病毒，而且看到了一些大分子，甚至还能看到经过特殊制备的某些材料样品的原子。目前，电子显微镜已经成为深入研究微观世界的有力武器。

为了表彰鲁斯卡发明电子显微镜的功绩，他跟发明扫描隧道电子显微镜①的德国物理学家宾尼格、瑞士物理学家罗雷尔一起分享了1986年度诺贝尔物理学奖。

---

① 扫描隧道电子显微镜是1982年制造成功的一种新的探测系统。它的放大倍数可达3亿倍，分辨率高达0.1埃，也就是说最小可分辨的两点间距离为原子直径的1/10。

44 原子弹之父的功过

◇ ……………………

中子的发现，促使了 1939 年德国化学家哈恩对铀原子核裂变的发现。许多物理学家在一阵欢欣过后，立即清醒地预见到潜在的一种可怕的后果。因为铀核裂变可以在极短的时间内释放出巨大的能量，以 1 磅（即 0.4536 千克）铀 235 计算，完全裂变时将会产生3.44×10^{13}焦的能量。这些能量相当于 9.55×10^{6} 千瓦时的电能，非常可观。如果把这项技术用在军事上制造炸弹，就成为杀伤力极大的原子弹。

爱因斯坦写给罗斯福的信

当时正值第二次世界大战爆发的前夕，许多科学家担心被法西斯抢先制造出原子弹。1939 年 7 月，流亡美国的匈牙利物理学家西拉德和维格纳一起找到爱因斯坦，希望借助爱因斯坦的名望给美国总统写信，敦促美国政府赶在纳粹法西斯之前造出原子弹。后来，美国总统罗斯福终于采纳了爱因斯坦等人的建议，拟订了一个代号为“曼哈顿工程”的庞大计划。最终领导这个众多著名科学家团队成功试爆原子弹的，则是被称为美国“原子弹之父”的奥本海默。

奥本海默
J. R. Oppenheimer
(1904—1967)

奥本海默1904年4月22日生于美国纽约一个富裕的犹太人家庭。母亲是一位很有才华的画家，但不幸在奥本海默9岁时去世了。奥本海默从小就表现出很高的天分，兴趣广泛。当同年龄段的孩子还在顽皮地玩的时候，他已经涉猎了文学、哲学、语言等领域，尤其爱好诗歌。1921年，奥本海默以十门全优的成绩毕业于纽约道德文化学校。后进入哈佛大学，仅用3年时间就读完大学课程，1925年以荣誉学生的身份毕业。随后，他被送到英国剑桥大学攻读理论物理。后来又转到德国格丁根大学，跟随著名物理学家玻恩作研究。1927年获得博士学位。两年后回到美国，先后在哈佛大学、加州大学伯克利分校和加州理工学院任教。他还没有到而立之年，就已经在美国物理学界拥有了重要的地位。

如何使原子核的能量可以按照人们的意志释放出来，这是一项全新的充满挑战性的系统工程。为了能具体掌握释放原子核能的方法，美国首先开始了建造原子反应堆的研究。1942年，在奥本海默团队中的意大利物理学家费米的领导下，在美国芝加哥大学足球场的西看台下面，建成了世界上第一座原子反应堆。如今在美国芝加哥大学美丽的校园里，可以看到一块镂花的金属牌子，上面写着：“1942年12月2日，人类在此实现了第一次自持链式反应，从此开始了受控的核能释放。”

芝加哥大学内的第一个核反应堆

这个核反应堆的成功，使科学家们掌握了释放核能的一项关键技术——当一个铀核裂变后，怎样能够引起其他铀核跟着发生裂变，这就是所谓的“链式反应”。该反应堆的研制成功奠定了研制原子弹的基础，仿佛签发了原子弹的出生证。从此，人类真正打开了原子核能量宝库的大门，找到了一种巨大的新的能源。

自从铀核裂变被证实以后，许多科学家都作了进一步的研究。他们发现，铀核被打碎后的生成物有多种，并且还能放出1~3个中子。这些中子又能作为新的“炮弹”去轰击其他的铀核。这样，就能使铀块中的铀核在极短的时间内发生裂变，并发出大量的能量。这样的反应就称为“链式反应”。

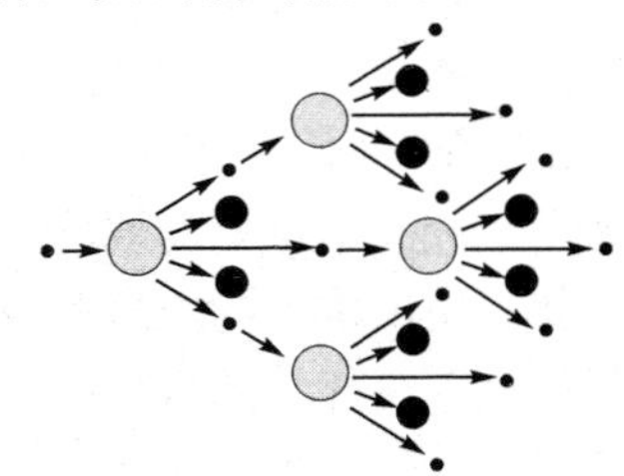

链式反应示意图

1943年，参与“曼哈顿工程”的4000名科学家进驻位于美国新墨西哥州沙漠地区的洛斯阿拉莫斯实验室，开始了原子弹的研制工作。其中包括费米、玻尔、费曼、冯纽曼、吴健雄等当时世界上大师级的物理学家。整个“曼哈顿工程”的总工作人数达到10万人，研究经费达20亿美元之巨。

奥本海默不仅知识渊博，而且极具组织才干。他在短短的不到三年的时间内，把几千人的聪明才智都凝聚在这个几乎是从零开始且空前复杂的浩大工程中。通过这一大批物理学家的共同努力，终于在1945年7月16日，在美国新墨西哥州南部的荒漠上，成功地引爆了第一颗原子弹。它发出耀眼的闪光，并腾空而起形成一个巨大的蘑菇状烟云。当时的美国总统杜鲁门闻讯后称赞这是“一项历史上前所未有的大规模有组织的科学奇迹”。奥本海默也赢得了崇高的声誉，一举成为所有人心目中的英雄，被人们誉为“原子弹之父”。

据说，当原子弹腾空爆炸时，奥本海默想到了《摩呵婆罗多经》中的《福者之歌》：

漫天奇光异彩，
犹如圣灵逞威，
只有千个太阳，
始能与它争辉。

美国第一颗原子弹爆炸时的情景

原子弹的研制成功，从物理学的观点看来，正如德国著名物理学家劳厄评价的那样：“这是人类所做的前所未有的最大的实验。这是以对物理学的客观真理性的信仰为基础的大胆预言的最好的证实。”但是，原子弹从此也成为对整个人类文明的一种严重威胁。它仿佛是一个恶魔，一旦从“潘多拉魔盒”中释放出来，对于人类生命的肆虐和威胁，就难以估量了。实际上，当初现场目击第一颗原子弹试爆成功时所呈现的仿佛世界末日般的情景时，科学家体验到的并非只是成功的喜悦，更有着对于其未来前景的难以抑制的恐惧和担忧。据说，奥本海默当时就在心中浮起了“我成了死神、世界的毁灭者”的感觉。

投在广岛的第一枚原子弹“小男孩”

1945 年 8 月 6 日和 8 月 9 日，第二次世界大战后期，美国相继在日本的广岛和长崎投下的两枚原子弹，虽然极大地震慑了日本的战争贩子，对促使日本政府投降起了一定的作用，却也造成数万生灵涂炭。奥本海默心中的罪恶感就愈发难以摆脱了，以至于当他作为美国代表团成员参加联合国大会时，曾这样感慨地说过：“我们科学家的双手沾了血。”

科学技术真是一把不折不扣的双刃剑！

45 两次获得诺贝尔物理学奖

◇

一位科学家如果在一生的科学研究中，能够有一项成果被诺贝尔评奖委员会提名，是非常光荣的事；倘若能获得诺贝尔奖，则是无比的光荣；如果能够两次获得诺贝尔奖，那真的是奇迹了！在物理学史上，美国的巴丁就是唯一一位两次获得诺贝尔物理学奖的科学家。

约翰·巴丁
John Bardeen
(1908—1991)

约翰·巴丁1908年5月23日出生于美国威斯康星州麦迪逊的一个知识分子家庭。父亲是威斯康星大学的解剖学教授，母亲是位艺术家，他们很注重对孩子能力的全面培养。

巴丁从少年时代起就显示出他在数学方面的天赋，他对物理学也很有兴趣，而且勤奋好学。巴丁中学毕业后进入威斯康星大学电气工程学系学习。1928年大学毕业，先后获得电气工程学理学学士学位和科学硕士学位。接下来的三年里，他在匹兹堡从事地球物理方面的研究。1933年入普林斯顿大学跟随著名物理学家魏格纳教授攻读博士学位，钻研物理学与数学。1936 年，获得了普林斯顿大学的博士学位。1945 年受聘于贝尔实验室，并和肖克莱、布拉顿一起研究半导体锗和硅的物理性质。

所谓半导体，顾名思义就是导电能力介于导体和绝缘体之间的一类物质，属于固体物理所研究的范畴。半导体有一个非常重要而有趣的特性：在纯净的半导体材料中添加不同的其他物质（称为“掺杂”），可以人为地改变它的导电能力，并形成不同导电机制的两类半导体。一类依靠带负电的电子导电（称为 N 型半导体），另一类依靠带正电的空穴导电（称为 P 型半导体）。

如果把两块不同导电类型的半导体合在一起，在它们的交界面处由于扩散作用，P 区的空穴会进入 N 区，N 区的电子会进入 P 区，从而在交界面处形成一个特殊的空间电荷区薄层，称为 PN 结。PN 结具有单向导电的特性，可以像真空二极管那样对交流信号起到整流、检波的作用。

在 P 区和 N 区的交界面，由于扩散，交界面两侧聚集着带正电的空穴和带负电的电子，形成一个从 N 区指向 P 区的内电场。当 P 区接电源正极、N 区接电源负极时，削弱内电场，从 P 到 N 方向可以通过电流；当 P 区接电源负极、N 区接电源正极时，增强内电场，从 P 到 N 方向无法通过电流。这就是 PN 结的单向导电性原理。

P区
空间电荷区
N区
内电场

PN 结及其单向导电性原理

第一个晶体三极管的外形与结构

在一次实验中，巴丁在锗晶体上固定了一枚小针，然后用跟电源负极相连的另一枚探针在固定小针附近移动，以检查其电势分布情况。他偶然发现如果稍微改变探针的电流大小，竟然能够使得通过固定小针的电流发生比较大的改变。这个意外的发现使他感到非常兴奋，这是否意味着可以实现对电流的放大作用了？于是他们三人通力合作，经过反复研制，在 1947 年 12 月 23 日，在贝尔实验室里最先向同事们演示了新发明的这个点接触型晶体三极管——世界上第一个半导体三极管（晶体管），这可真称得上是“献给世界的圣诞节礼物”。

我们知道，在无线电技术上，以真空三极管的发明为第一代的标志，此后无线电技术得到迅速发展，从军用的雷达到民用的收音机，从电视发射台到电子计算机……凡是利用到电磁波的地方，其心脏都离不开真空管，它在无线电发展史上，统治了几十年。

真空电子管的功能虽然强大，但是人们在使用过程中也逐渐发现了它的不足之处：体积大，使整机显得非常笨重；耗电量大，即使是一台家用普通收音机的功率也往往达到几十瓦；经不起振动，容易破碎等。后来人们虽然通过努力，生产出了比早期真空管小得多的“拇指管”，但是，根本的问题依然没有能够解决。因此，科学家一直在寻求真空电子管的替代品。

1947 年，巴丁和他的两位合作者终于实现了众多科学家的愿望。半导体三极电子管（晶体管）的体积仅为真空管的几十分之一，所消耗的功率仅为真空管的万分之一，却同样具有真空电子管的放大功能，而且其性能远远超过了真空电子管。

晶体管的发明使电子器件发生了革命性变革。它可以实现电路的微型化，开辟了电子器件的新纪元，在科技史上具有划时代的意义。从此，无线电技术开始进入以晶体管的发明为标志的第二代，紧接着，一步步向集成电路、大规模集成电路、超大规模集成电路一代代迅速发展起来。在这个发展过程中，自然地也引发了计算机革命，将最初楼房一样庞大的计算机房缩小为台式电脑甚至掌上电脑，并且运算速度有了极大的提高。如今，由巴丁及其合作者所开创的这项科技成果得到进一步的发展后，已经阔步走进全世界亿万人民的家庭。

巴丁、肖克莱、布拉顿由于发明晶体管共同获得了 1956 年诺贝尔物理学奖。

巴丁与他的合作者在一起

巴丁的另一项成果是超导理论。我们知道，早在 1911 年荷兰物理学家卡末林·昂内斯在实验中发现，当将水银冷却到热力学温度 4.2 开以下时，水银的电阻就完全消失了。这个奇特的现象称为“超导现象”，具有超导本领的物体称为“超导体”。

在初中物理的学习中我们已经知道，金属导体依靠自由电子导电，自由电子在定向移动过程中会不断地跟金属离子发生碰撞，宏观上表现为电阻。可以这么说，电流通过任何导体时都会产生电阻。因此，卡末林·昂内斯发现的超导现象困惑了物理学家几十年，许多大物理学家如玻尔、海森堡、费曼都曾想解释这一现象，可惜都“无功而返”。由于许多物理学家从各个不同角度提出的理论都以失败告终，因此后来物理学界还流传过一个“玩笑定理”：每一个超导理论都可以证明是错的。

巴丁发明晶体管后，在 1951 年离开贝尔实验室，到伊利诺大学任教。不久，关于超导体的一些新实验与新理论立即引起了他浓厚的兴趣，他决定把精力投注到对超导体的研究上。

当时，在伊利诺大学攻读物理博士的施里弗正好找到巴丁，请巴丁做他的指导教授，于是巴丁就让他当助手，一起探索超导之谜。

巴丁通过自己的研究，当时已经认识到超导现象应该起源于电子与声子的交互作用。因此，他认为需要找一位熟悉量子场论的人，以便能够用最新的场论技巧处理复杂的交互作用。后来杨振宁给他介绍了一位在普林斯顿高等研究院做博士后研究员的库珀。

这样，就形成了以巴丁为核心的一个三人攻关小组，各自有着明确的任务。巴丁是领军人物，他知道整个问题的来龙去脉、所要追求的目标，以及最后描述电子行为的函数应该有什么样的特性等，同时他也需要在研究工作遇到挫折和困难时，能鼓舞整个团队的士气，使其不屈不挠地坚持下去。通过几年的努力，他们终于打开了曾经难倒一大批物理天才的超导之谜的大门。1957 年，他们提出了能够合理而正确解释超导现象的理论。人们取用他们三人名字中的一个字母，把他们合作结晶的超导电性理论称为 BCS 理论（B 代表巴丁、C 代表库珀、S 代表施里弗）。

巴丁等三人由于在超导理论上的成果共同获得了 1972 年度的诺贝尔物理学奖。当朋友们赞扬巴丁两次获得诺贝尔奖的时候，他很幽默地说，其实总共才拿到三分之二个奖，假如再和其他二人分享一次诺贝尔奖，才能算拿到一整个诺贝尔奖。

巴丁的这两项重要的发明和发现，间隔九年多。发明晶体管对于物质文明的实质影响之大，称得上是一场革命；而以巴丁主导的 BCS 超导理论，则是 20 世纪理论物理的重要突破。巴丁在应用技术和物理理论方面都走到了时代的前列，作为唯一的一位两度荣获诺贝尔物理学奖的科学家而闻名于全世界①，他当之无愧。人们也将永远铭记他对人类文明所作出的杰出贡献。

---

① 居里夫人一次获诺贝尔物理学奖，一次获诺贝尔化学奖。

46 他证实了宇宙还在膨胀

◇ ……………………

原子、电子等微观粒子是物理学研究的一个尖端领域，当关于它的研究成果频频传来捷报的时候，物理学家在另一个尖端领域的成果——关于宇宙的研究，也同样精彩纷呈。

宇宙实在太神秘了，自古以来就引发着人们浓厚的兴趣。在人类文明发展的不同阶段，对宇宙的认识是不同的。随着科学水平的提高、实验探究手段的改进，对宇宙的认识也在不断地深入。

“宇宙”的含义应该是“时间和空间”，所谓“天地四方谓之宇，古往今来谓之宙”，现在有时往往单纯地指对空间的认识。

很早很早以前，东西方的哲人就展开了想象的翅膀，非常浪漫地给宇宙描绘出各种各样美丽的图景。在我国，远在殷商之前就流传着“天圆地方”的说法，也称为“盖天说”。古人认为“天圆如张盖，地方如棋局”。在我国最早的一部天文著作《周髀算经》中还给出了一个具体的数据：“天顶的高度是八万里，向四周下垂，平直的大地是每边八十一万里的正方形……”当然，这完全是没有根据的。后来，到了汉代，又创立了“浑天说”，认为宇宙好像一个鸡蛋，地球就如其中的蛋黄，孤零零地在宇宙中间……显然，早期古人对宇宙的这种认识，仅是站在地球上对所看到的“天”的一种猜想，缺乏必要的观察依据。

中国古代“盖天说”的示意图

中国古代“浑天说”的示意图

第一次在观察基础上作出宇宙结构的，就是前面介绍过的托勒密。托勒密在公元150年提出了宇宙结构的“地心说”（九重天模型），对日月星辰的位置作了安排。

此后，经过了1300多年，哥白尼提出了更简单、更和谐的“日心说”（太阳系模型），而且还算出了各个行星到太阳的距离，也第一次给出了宇宙的大小尺寸。哥白尼以日地距离为单位，指出当时离太阳最远的土星到太阳的距离为9.2个单位（现代值为9.54个单位）。在没有望远镜的时代，哥白尼仅凭着自制的一些很简单的仪器，能达到这样的准确度，着实令人惊叹！

1781年3月，英国物理学家赫歇耳用自己制作的望远镜发现了天王星，它离太阳的距离竟比土星还远了约1倍，相当于使太阳系的边界扩展了1倍。后来，两个年轻人亚当斯和勒维耶通过计算，在笔尖下发现了深藏在更远处的海王星，太阳系的边界又扩大了。也就是说，人们对宇宙的视野也越来越宽广了。

实际上在赫歇耳时代，科学家对宇宙的认识已经超出了太阳系。赫歇耳用自己制作的望远镜把视角伸展到更遥远的宇宙深处，并告诉人们，太阳系只不过是银河系中的一个星系，银河系中有着类似太阳系的许许多多个星系。也就是说，当时人们对宇宙的认识已经扩大到银河系。

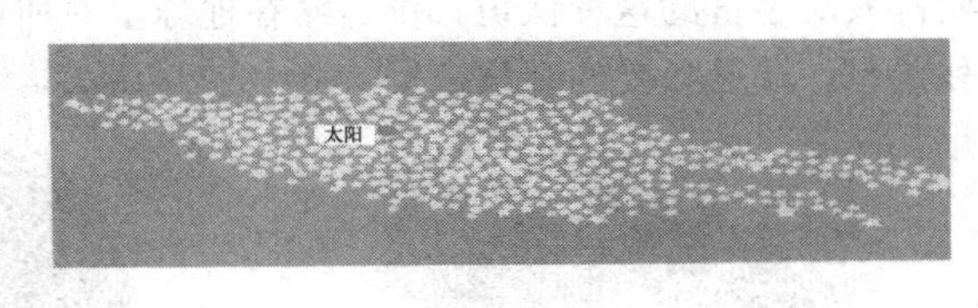

银河系呈扁盘形状，中间厚、两边薄，也就是说，在不同方向上恒星的多少是不同的。在银河方向上的恒星分布比较密，在与银河平面垂直方向上的恒星分布比较疏。

赫歇耳描绘的银河系结构图

如果从哥白尼第一次计算出以土星为边界的宇宙尺寸算起，到赫歇耳发现的银河系结构，在这200多年中，人们认识宇宙的尺度确实大大地扩展了。但是，这些发现可以认为都只是在静态的含义下扩大了观察范围，发现了原来没有看到的区域。直到后来美国天文学家哈勃的发现，才使人们对宇宙的尺度建立起动态的认识。

哈勃
Edwin P. Hubble
(1889—1953)

哈勃是美国天文学家，1889年11月20日生于密苏里州的马什菲尔德。17岁时，哈勃高中毕业后进入芝加哥大学。21岁大学毕业后到英国牛津大学学习法律，23岁获得文学学士学位后回美国做了一段时间的律师。由于他对天文学的兴趣，后来就辞职返回芝加哥大学到叶凯士天文台攻读研究生。28岁获博士学位，后曾从军两年。1919年退伍到威尔逊天文台进行研究工作。

当哈勃跨入天文学研究的行列时，天文学家已通过对星云光谱的研究，观察到所谓的“红移”现象，也就是观察到星云光谱线会出现波长变长（相当于频率变低）的现象。

光谱线的这种“红移”现象，实际上就是声的传播中早就发现的“多普勒效应”。

1842年的一天，奥地利物理学家多普勒经过铁路旁时，恰好有一列火车从他身旁驶过。他发现火车由远而近驶来时，发出的汽笛声不仅变响，而且音调变高；当火车远离时，汽笛声不仅变弱，而且音调变低。我们在初中物理中学过，声音由近而远传播时，只是声音的强度发生变化，音调（声音的频率）是不会发生变化的。因此，他对这个现象很感兴趣，并进行了研究。后来，他终于明白了：当火车以恒定速度向观察者驶近时，前方的波好像被压缩了，相当于波长变短，因而在一定时间间隔内传播的波的个数就增加，听到声音的声调就变高；相反，当火车驶向远方时，好像波被拉伸了，声波的波长变长，听到的声音频率就变低。

声源与观察者之间存在着相对运动时，使观察者听到的声音频率发生变化的这种频移现象，后来就被称为“多普勒效应”。它不仅适用于像声音这样的机械波，也适用于电磁波，包括光波。

行驶中的摩托车发出的声音形成一个个波阵面，摩托车前面的波面被压缩，波长变短，后面的波面较为分散，波长变长。所以，摩托车趋近时听到声音的频率高，驶远时听到声音的频率低。

多普勒效应

当时，许多天文学家并没有对这个“红移”现象作深入的研究，但这个现象却引起了哈勃浓厚的兴趣。他跟助手赫马森一起，对遥远星系的距离与红移进行了大量的仔细的测量，他们发现远方星系的谱线都有红移，而且距离地球越远的星系，它们发出的光谱线的红移越大。于是，他大胆地得出了一个重要的结论：这些星系看起来都在远离我们而去，仿佛在后退一样。后来，他又精心绘制了一张星系运动速度和星系与地球之间距离关系的图表，图表显示出距离地球越远的星系，后退的速度越大。

恒星靠近地球时，接收到的光谱的波长变短，频率升高，相当于光谱线向着紫光方向偏移，称为紫移。

恒星远离地球时，接收到的光谱的波长变长，频率降低，相当于光谱线向着红光方向偏移，称为红移。

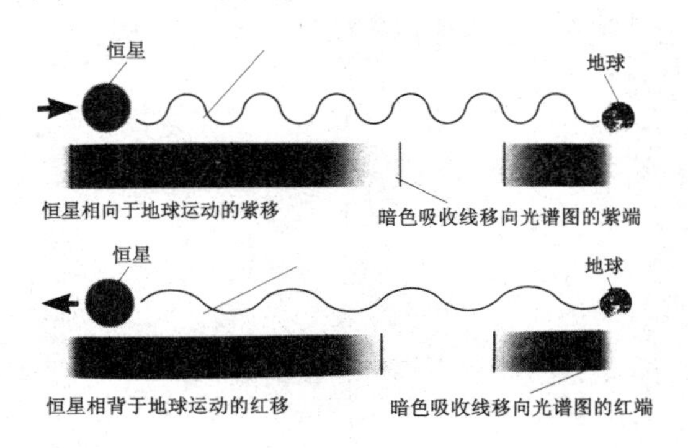

恒星相对地球运动引起波长变化

从1928年到1936年期间，哈勃和他的助手测定了几十个星系的距离和运动速度，通过对这些数据的统计分析，进一步发现了一个简单而重要的关系：星系退行的速率与星系离开地球的距离之比是一个常数，也就是说，星系退行的速率与它们离开地球的距离成正比。这一关系式后来被称为哈勃定律。

星系在相互远离，它们之间的距离越来越远，好像画在一个气球上面的点，随着气球的膨胀，每两点的间距越来越大。

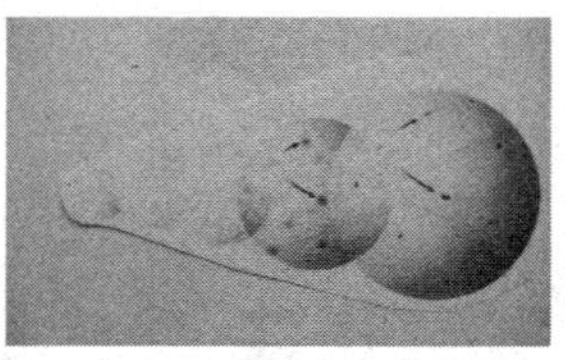

对宇宙膨胀的形象化说明

哈勃得到的这一结论，有着非常深远的意义。因为长期以来，天文学家一直认为宇宙是静止的，如今，这个根深蒂固的观念被哈勃彻底否定了。也就是说，我们所认识的宇宙尺度并不是固定不变的，而是在不断地膨胀着，它没有边界，也没有尽头。因此，哈勃的发现有力地推动了现代宇宙学的发展。

由于哈勃对20世纪天文学作出了许多杰出贡献，因此被尊为一代宗师。为纪念和表彰哈勃对天文学发展的丰功伟绩，美国国家航空航天局把1990年发射的空间望远镜命名为“哈勃空间望远镜”。如今，“哈勃空间望远镜”正翱翔在太空，为人类进一步探索广袤的宇宙提供着新的信息！

哈勃空间望远镜

47 捕捉到了创世时的信息

◇ ………………

哈勃在大量观察数据基础上建立的理论告诉人们，我们生活的宇宙还在不断地膨胀，由此也必然会引发人们好奇地思考：那么宇宙是怎样形成的呢？宇宙在最初时有多大呢？宇宙从形成到现在“活”了多少年？……

关于宇宙的形成，这是一个十分深奥和奇妙的问题。科学家经过比较长期的理论和实践的探究，才获得目前比较一致的认识。

俗话说：“不入虎穴，焉得虎子。”为了探索宇宙的形成，天文学家必须把观察的触角延伸到宇宙深处。

19 世纪以前，天文学家唯一的手段，是依靠光学望远镜接收从遥远天体发出的可见光，从而获得宇宙的信息。到了 20 世纪 60 年代，随着无线电技术的发展，研制成功了大型无线电接收天线（射电望远镜），于是，天文学家就可以通过接收遥远天体发出的电磁波，然后进行分析研究。

被誉为“中国天眼”的世界最大500米球面射电望远镜

天文学家除了对宇宙深处的观察外，也不断地进行着理论上的探究，寻求各种合理的模型。早在20世纪40年代，美国物理学家伽莫夫和阿尔菲、赫尔曼等人就曾经提出过一个虚拟的宇宙模型。他们认为宇宙起源于大爆炸——不过，这不是通常看到的从一个点炸裂开来向四周辐射式的爆炸，而是认为由大爆炸创造了空间本身。

他们预言，作为大爆炸的遗迹，可能至今还应该存在着一种充满整个宇宙的均匀的电磁辐射。这是一种各向同性的辐射，其频率属于微波范围，也称为微波背景辐射。因此，微波背景辐射就成为一种比遥远星系所能提供的更为古老的信息，或者说，这就是一种创世时的信息。

1948年，他们根据大爆炸宇宙学说，假设宇宙最初的温度约为10^{11}开（发生大爆炸时宇宙的温度是极高的），那么经过了约150亿年，慢慢冷却到现在，可以估算出宇宙中还会残留着温度约为5～10开的辐射。之后，他们通过计算后又把残留的温度修正为3开。

那么，宇宙大爆炸的理论是否正确呢？由于一直没有得到实验证实，所以他们的理论只能被看做是一种猜测，他们预言的宇宙中残留的微波背景辐射也未能引起人们应有的重视。

1964年，苏联、英国以及美国等多位科学家经过研究，作出了同样的预言，他们都认为宇宙中应当残留有温度为几开的背景辐射。并且认为，这种宇宙背景辐射最重要的特征是应该可以被直接观测到的。它的另一特征是具有极高度的各向同性，也就是说，在各个不同方向上，在各个相距非常遥远的天区之间，应当存在过相互的联系。

众多科学家这些言之凿凿的观点，终于重新引起了国际学术界对背景辐射的重视。此后，美国的狄克、劳尔、威尔金森等人就开始着手制造一种低噪声的天线来探测这种辐射。

在科学探索的道路上，命运有时很会作弄人，正所谓“有意栽花花不开，无心插柳柳成荫”，最终幸运地捕捉到这个创世时的信息的人，并不是天文学家，而是两位无线电工程师。

1964 年，美国贝尔实验室的工程师彭齐亚斯和威尔逊，为了跟踪一颗卫星架设了一台很灵敏的喇叭形状的接收天线系统。为了检测这台天线的噪音性能，他们将天线对准天空方向进行测量。这种测量的最大困难是，怎样才能将有用的信号与来自大气干扰、天线结构及放大电路的各种噪声信号区分开来。后来，他们采用了种种降低噪声的措施后，打算先验证一下，在 7.35 厘米波长上忽略天线自身的噪声后，再去观测星系的射电波。但是，出乎意料的事发生了——在 7.35 厘米波长上，他们收到了相当强的与方向无关的微波噪声。起初他们怀疑这个信号来源于天线系统本身，后来他们对天线进行了彻底的检查，还清除了天线上的鸽子窝和鸟粪，但是依然有着消除不掉的背景噪声。

在这个偶然的发现以后，他们通过在一年多时间里的继续实验，进一步发现这种微波噪声既不随时日变化，也不随季节消长，因而可以判定它与地球的公转和自转均无关。这种无法清除的噪声，显然不是来自银河系，似乎来自更为广阔的宇宙背景。

彭齐亚斯
Arno A. Penzias
(1933—)

威尔逊
Robert W. Wilson
(1936—)

无线电工程师很习惯用“等效温度”来描写无线电噪声的强度。彭齐亚斯和威尔逊发现他们收到的微波射电噪声的等效温度大概在2.5～4.5开之间。但是，当时他们并不清楚自己的这个发现具有多么重要的意义。1965年，他们在《天体物理学报》发表了一篇论文，正式宣布了这个发现。

宇宙微波背景辐射

与此同时，在普林斯顿大学由狄克、劳尔和威尔金森领导的一个科学家小组，也正在着手设计一台搜索大爆炸残留辐射的探测器。当他们听到了从贝尔实验室传来的消息后，立即将这些波长为7.35厘米的微波噪声解释为是起源于大爆炸的残余辐射，称为微波背景辐射。这种辐射，称得上是宇宙中“最古老的光”。发生大爆炸后，它穿越了漫长的时间与空间，最后成为充盈于整个宇宙空间的、相当于在电磁波谱的微波部分波长为7.35厘米的某种无线电波。由于它来自的各个方向都一样，好比宇宙的“背景”，因此也被称为宇宙背景辐射。这种背景辐射所具有的能量相当于温度为2.7开的一个黑体的热辐射。显然，这个数值与伽莫夫等科学家早先作过的预言非常接近。

宇宙微波背景辐射的发现，在近代天文学上具有非常重要的意义，它给予宇宙起源的大爆炸理论以有力的证据。因此，天文学家把它与类星体、脉冲星、星际有机分子的发现，并称为20世纪60年代天文学上的“四大发现”。

微波背景辐射探测器

如果说，哈勃的发现使人们认识到了宇宙的动态特性，那么，彭齐亚斯和威尔逊的发现则使人们认识了宇宙的起源，从而为科学家打开了宇宙整体物理演化的大门。后来，世界各国许多科学家经过了10年左右的多次反复验证，微波背景辐射被科学界完全确认。彭齐亚斯和威尔逊也因发现了宇宙微波背景辐射而获得1978年度的诺贝尔物理学奖。

宇宙微波背景辐射的发现，使人们在认识宇宙演化的道路上前进了一大步。但是，人们对宇宙的认识依然很肤浅，前方还有着更为漫长的路，等待着人们一步步地去探索。

后　　记

写完最后一篇，仿佛上完了最后一课。不同的是，这里向读者介绍的不是以概念和规律为主的物理基础知识，也没有沉重的课外作业负担。读者可以轻松地在课余饭后，利用零星时间，读上一篇两篇，相互交流漫谈。

1999年第23届国际纯粹物理与应用物理联合会（IUPAP）代表大会有句口号：物理学是一项激动人心的智力探险活动。本书中富有传奇色彩的这些科学发现和发明事例，充分展示了科学探索既洋溢着无比的乐趣，也充满着艰难坎坷。物理学以及与之密切相关的天文学等科学的未来道路上还有着许许多多诱人的奥秘，需要人们继续去发现、去发明！

如果读者通过本书，不仅拓展了知识，还能提升追求科学真理的雄心、毅力和智慧，作者将感到无比欣慰。

作者

2012年春于苏州庆秀斋

主要参考文献

1.《物理学史教程》，申先甲主编。长沙：湖南教育出版社，1987。

2.《物理学史》，郭奕玲、沈慧君著。北京：清华大学出版社，1993。

3.《自然科学发展简史》，陈昌曙、远德玉著。沈阳：辽宁科学技术出版社，1984。

4.《20世纪物理学概观》，教育部师范教育司组织编写。上海：上海科技教育出版社，1999。

5.《电磁学发展史》，宋德生、李国栋著。南宁：广西人民出版社，1996。

6.《世界文明史（第一卷欧洲卷）》冯国超、胡明刚主编。北京：光明日报出版社，2002。

7.《物理学家传》，束炳如等编。长沙：湖南教育出版社，1985。

8.《世界名人故事》，李津著。北京：京华出版社，中央编译出版社，2010。

9.《世界著名科学家传记——物理学家》，钱临照等著。北京：科学出版社，1990。

10.《科学大师（上、下卷）》，（英）迈克尔·阿拉比、德雷克·杰特森著。陈泽加译，陈蓉霞审译。上海：上海科学普及出版社，2003。

11.《哥白尼传》，李兆荣编著。武汉：湖北辞书出版社，1998。

12.《布鲁诺及其哲学》，汤侠生著。上海：上海人民出版社，1985。

13.《法拉第传》，王贵友、何兵编著。武汉：湖北辞书出版社，

1998。

14.《贝尔：志在沟通》，（美）内奥米·帕萨科夫著，姜竹青、柳绪燕译。天津：百花文艺出版社，2001。

15.《电子科学发明家》，松鹰著。北京：中国青年出版社，1981。

16.《探索宇宙奥秘》，李良主编。郑州：河南科学技术出版社，2003。

17.《100年科技大突破》，由英国马歇尔出版发展有限公司授权出版，熊哲萍、葛然等译。上海：少年儿童出版社，2001。

18.《中国儿童百科全书——科学技术》，中国儿童百科全书编委会编。北京：中国大百科全书出版社，2001。

19.《科学蒙难集》，解恩泽主编。长沙：湖南科学技术出版社，1986。

20.《物理学上的重大实验》，谭树杰、王华编著。北京：科学技术文献出版社，1987。

21.《诺贝尔物理学奖一百年》郭奕玲、沈慧君著。上海：上海科学普及出版社，2002。

22.《从X射线到夸克——近代物理学家和他们的发现》（美）埃米里奥·赛格雷。上海：上海科学技术文献出版社，1984。

23.《从一到无穷大》，（美）G. 盖莫夫著，暴永宁译。北京：科学出版社，1978。

24.《物理世界奇遇记》，（美）G. 盖莫夫著，吴伯泽译。北京：科学出版社，1978。

25.《相对论入门》，巴涅特著，仲子译。北京：三联书店出版社，1989。

26.《物理通报》《物理教学》《物理教师》《中学物理教学参考》及“百度网”等有关文章、图片。